ZEITSCHRIFT FÜR ALLGEMEINE MIKRO-BIOLOGIE

AN INTERNATIONAL JOURNAL ON MORPHOLOGY, PHYSIOLOGY, GENETICS, AND ECOLOGY OF MICROORGANISMS

HEFT 10 · 1982 · BAND 22

AKADEMIE-VERLAG · BERLIN

EVP 20,— M

ISSN 0044-2208

34 112

CONTENTS OF NUMBER 10

INHALTSVERZEICHNIS HEFT 10

ZEITSCHRIFT FÜR ALLGEMEINE MIKRO-BIOLOGIE

AN INTERNATIONAL JOURNAL ON MORPHOLOGY, PHYSIOLOGY, GENETICS, AND ECOLOGY OF MICROORGANISMS

HEFT 10 · 1982 · BAND 22

AKADEMIE-VERLAG · BERLIN

Die Zeitschrift für Allgemeine Mikrobiologie soll dazu beitragen, Forschung und internationale Zusammenarbeit auf dem Gebiet der Mikrobiologie zu fördern. Es werden Manuskripte aus allen Gebieten der allgemeinen Mikrobiologie veröffentlicht. Arbeiten über Themen aus der medizinischen, landwirtschaftlichen, technischen Mikrobiologie und aus der Taxonomie der Mikroorganismen werden ebenfalls aufgenommen, wenn sie Fragen von allgemeinem Interesse behandeln.

Zur Veröffentlichung werden angenommen:

Originalmanuskripte, die in anderen Zeitschriften noch nicht veröffentlicht worden sind und in gleicher Form auch nicht in anderen Zeitschriften erscheinen werden. Der Umfang soll höchstens $1^1/_2$ Druckbogen (24 Druckseiten) betragen. Bei umfangreicheren Manuskripten müssen besondere Vereinbarungen mit der Schriftleitung und dem Verlag getroffen werden.

Kurze Originalmitteilungen über wesentliche, neue Forschungsergebnisse. Umfang im allgemeinen höchstens 3 Druckseiten. Kurze Originalmitteilungen werden beschleunigt veröffentlicht.

Kritische Sammelberichte und Buchbesprechungen nach Vereinbarung mit der Schriftleitung.

Bezugsmöglichkeiten der Zeitschrift für Allgemeine Mikrobiologie:

Bestellungen sind zu richten

- **in der DDR** an den Postzeitungsvertrieb, an eine Buchhandlung oder an den Akademie-Verlag, DDR-1086 Berlin, Leipziger Str. 3–4
- **im sozialistischen Ausland** an eine Buchhandlung für fremdsprachige Literatur oder an den zuständigen Postzeitungsvertrieb
- **in der BRD und Berlin (West)** an eine Buchhandlung oder an die Auslieferungstelle KUNST UND WISSEN, Erich Bieber OHG, D-7000 Stuttgart 1, Wilhelmstraße 4–6
- **in den übrigen westeuropäischen Ländern** an eine Buchhandlung oder an die Auslieferungsstelle KUNST UND WISSEN, Erich Bieber GmbH, CH-8008 Zürich, Dufourstraße 51
- **im übrigen Ausland** an den Internationalen Buch- und Zeitschriftenhandel; den Buchexport, Volkseigener Außenhandelsbetrieb der Deutschen Demokratischen Republik, DDR-7010 Leipzig, Postfach 160, oder an den Akademie-Verlag, DDR-1086 Berlin, Leipziger Straße 3–4.

Zeitschrift für Allgemeine Mikrobiologie

Herausgeber: Im Auftrag des Verlages von einem internationalen Wissenschaftlerkollektiv herausgegeben.
Verlag: Akademie-Verlag, DDR-1086 Berlin, Leipziger Straße 3–4; Fernruf: 223 62 29 oder 2236221; Telex-Nr.: 114420; Bank: Staatsbank der DDR, Berlin, Kto.-Nr.: 6836-26-202 712.
Chefredaktion: Prof. Dr. Udo Taubeneck,
Prof. Dr. Wilhelm Schwartz
Anschrift der Redaktion: Zentralinstitut für Mikrobiologie und experimentelle Therapie der Akademie der Wissenschaften, DDR-6900 Jena, Beutenbergstr. 11; Fernruf: Jena 885614; Telex-Nr. 058621.
Veröffentlicht unter der Lizenznummer 1306 des Presseamtes beim Vorsitzenden des Ministerrates der Deutschen Demokratischen Republik.
Gesamtherstellung: VEB Druckerei „Thomas Müntzer“, 5820 Bad Langensalza.
Erscheinungsweise: Die Zeitschrift für Allgemeine Mikrobiologie erscheint jährlich in einem Band mit 10 Heften. Bezugspreis je Band 250,– M zuzüglich Versandspesen (Preis für die DDR 200,– M). Preis je Heft 25,– M (Preis für die DDR 20,– M).

Erscheinungstermin: Dezember 1982

Bestellnummer dieses Heftes 1070/22/10

AN (EDV) 75218

Zeitschrift für Allgemeine Mikrobiologie	22	10	1982	687–692

(* Akademie der Wissenschaften der DDR, Forschungszentrum für Molekularbiologie und Medizin, Zentralinstitut für Mikrobiologie und experimentelle Therapie, Jena, Direktor: Prof. Dr. U. TAUBENECK und ** Bio-Organic Chemistry Laboratory, SRI International, Menlo Park California 94025, USA)

Antimicrobial activities of daunorubicin and adriamycin derivatives on bacterial and protoplast type L-form cells of *Bacillus subtilis* 170, *Escherichia coli* B, and *Proteus mirabilis* VI

Structure — activity relationship

J. GUMPERT*, K. DORNBERGER* and T. H. SMITH**

(*Eingegangen am 15. 3. 1982*)

The antibacterial activity of ten N-alkylated derivatives of daunorubicin and adriamycin as well as of 5-iminodaunorubicin has been tested by using *Bacillus subtilis* 170, *Escherichia coli* B, and *Proteus mirabilis* VI and their stable protoplast type L-forms in an agar diffusion test. Eight of the substances showed similar activities against *B. subtilis* and the L-forms of all test organisms, but no activity against the bacterial forms of *E. coli* and *P. mirabilis*. The cell wall of these gram-negative bacteria is responsible for this resistance by not allowing the antibiotics to enter the cells. The piperidino compound N-$(CH_2)_5$ daunorubicin shows 2–4 times higher activity against *B. subtilis* and all L-forms in comparison to daunorubicin and the other derivatives. Five of the substances were inactive against all test strains. Their inactivity seems to be associated with the larger substituents at the C-3′ position. Relations between molecular structure and activity are discussed considering data about the interaction with DNA and the antitumor activity. Stable protoplast type L-forms and their bacterial forms represent a suitable and effective test system to screen for more effective substances and to get more information about their mode of action.

The anthracycline antibiotics daunorubicin (dnr) and adriamycin (adm) are useful antineoplastic agents (ARCAMONE 1978). Their clinical use is limited by a number of undesirable side effects primarily by a cumulative, dose-dependent cardiotoxicity (JAENKE *et al.* 1980). These side effects have stimulated the preparation of structural analogues which might show b tter therapeutic characteristics than the original drugs. But a rational approach to such analogues requires much more information about the mechanisms of the biological action of dnr and adm and corresponding derivatives than it is presently known. A postulated mechanism of the biological activity of dnr and adm is based on their ability to bind specifically with DNA by intercalation (NEIDLE 1978). It appears that the quinone moiety of the aglycone and the protonated amino group of the sugar residue play important, although in the case of the protonated amino group (ISRAEL *et al.* 1975, HORTON u. PRIEBE 1981) not strictly essential, roles in the antitumor activity of the anthracyclines. Therefore, one would expect that systematic structural variations in both the anthracyclinone and the sugar moiety should influence the biological properties of these drugs. HENRY and his co-workers (TONG *et al.* 1979a, b) have reported the synthesis and antineoplastic properties of various N-alkyl, N,N-dialkyl derivatives of dnr and adm as well as of the first quinone-modified analogue 5-iminodaunorubicin (Fig. 1) which show improved therapeutic properties.

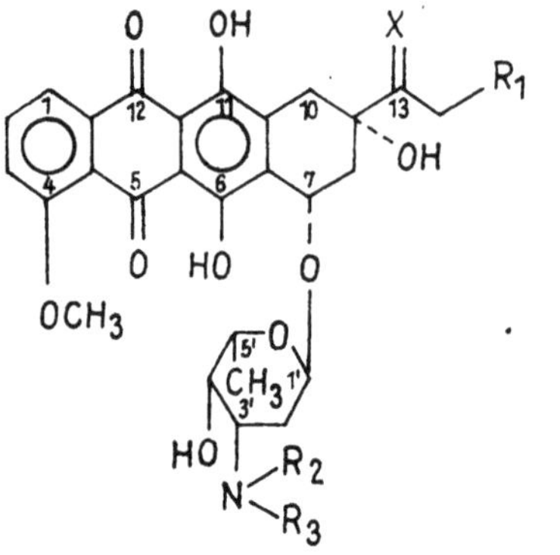

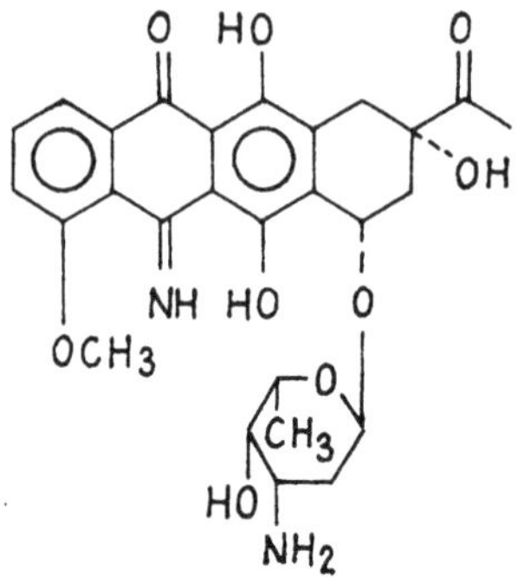

5-iminodaunorubicin

compound	X	R_1	R_2	R_3
dnr	O	H	H	H
N,N-Me_2dnr	O	H	CH_3	CH_3
N,N-Et_2dnr	O	H	C_2H_5	C_2H_5
N,N-didecyldnr	O	H	$(CH_2)_9CH_3$	$(CH_2)_9CH_3$
N,N-Bzl_2dnr	O	H	$CH_2C_6H_5$	$CH_2C_6H_5$
N-Bzlndr	O	H	H	$CH_2C_6H_5$
N-$(CH_2)_5$dnr	O	H	—N	
adm	O	OH	H	H
N,N-Me_2adm	O	OH	CH_3	CH_3
N,N-Et_2adm	O	OH	C_2H_5	C_2H_5
N-decyladm	O	OH	H	$(CH_2)_9CH_3$
N,N-Bzl_2-13-dihydroadm	H, OH	OH	$CH_2C_6H_5$	$CH_2C_6H_5$

Fig. 1. Structures of daunorubicin resp. adriamycin and their derivatives. dur: daunorubicin, adm: adriamycin, Bzl.: benzyl, Et: ethyl, Me: methyl

The use of gram-positive and gram-negative bacteria and their stable protoplast type L-form as test organisms allows more information about the antimicrobial activity of antibiotics and their mode of action (GUMPERT 1970, KAGAN *et al.* 1964, SCHUHMANN *et al.* 1974, TAUBENECK u. JACOB 1967). Protoplast type L-forms are bacterial cells growing without a cell wall structure. Earlier investigations with the test organisms showed that many antibiotics, *e. g.* tetracycline and polyene macrolide antibiotics are highly toxic also for gram-negative bacteria when these were used in a wall-less state (HAUPT *et al.* 1976, HUBERT *et al.* 1972). Contrary to gram-positive bacteria the cell wall of gram-negative bacteria acts as a barrier and does not allow the molecules to enter the cells. By comparing the sensitivity of bacteria and their L-forms against anthracycline derivatives it should be possible to clarify whether a substance is ineffective because of its impermeability associated with the complex wall structure or because of its molecular structure.

The results of the comparative investigation of dnr, adm and 11 anthracycline derivatives will be summarized and discussed in this paper.

Materials and methods

Organisms: *Bacillus subtilis* 170, *Escherichia coli* B, and *Proteus mirabilis* VI and the corresponding L-form strains were used as test organisms. All strains are from the collection of the Zentralinstitut für Mikrobiologie und experimentelle Therapie Jena. For comparison the test strain *B. subtilis* ATCC 6633 was used, too. The L-forms were isolated years ago in our laboratory.

Table 1
Comparison of biological data for daunorubicin, adriamycin and related derivatives

compound	antibacterial activity MIC (mcg/ml)							nucleic acid synth. inhibn. L 1210 cells* ED_{50} µM		ΔT_m measurement*	antitumor activity in mice (P388)* % T/C (dose mg/kg)
	B. subtilis ATCC 6633	*B. subtilis* 170		*E. coli* B		*P. mirabilis* VI					
		bact. form	L-form	bact. form	L-form	bact. form	L-form	DNA	RNA	°C	
dnr	12.5	12.5	6.25	100	12.5	100	12.5	0.66	0.33	11.2	160 ± 27 (0.78)
N,N-Me_2dnr	12.5	12.5	6.25	100	6.25	100	12.5	0.67	0.064	15.3	214 ± 14 (2.0)
N,N-Et_2dnr	12.5	12.5	12.5	100	12.5	100	12.5	0.67	0.13	13.6	178 ± 4 (4.0)
N-Bzldnr	12.5	12.5	12.5	> 200	12.5	> 200	12.5	1.6	0.17	10.2	185 (3.12)
N-$(CH_2)_5$dnr	6.25	3.12	3.12	> 200	3.12	> 200	6.25	0.50	0.05	16.4**	191 (6.25)
adm	12.5	12.5	12.5	100	12.5	100	12.5	1.5	0.58	13.4	197 ± 26 (0.78)
N,N-Me_2adm	6.25	6.25	6.25	100	3.12	100	6.25	0.62	0.12	17.5	164 (0.5)
N,N-Et_2adm	6.25	12.5	12.5	100	12.5	100	6.25	0.70	0.21	14.6	171 ± 6 (3.13)
N,N-didecyldnr	> 200	> 200	> 200	> 200	> 200	> 200	> 200	280	130	0.1	125
N,N-Bzl_2dnr	> 200	> 200	> 200	> 200	> 200	> 200	> 200	100	10	1.35	259 ± 12 (25)
5-iminodnr	100	100	100	100	100	100	100	1.6	1.3	6.25	170 ± 15 (2.0)
N-decyladm	> 200	> 200	> 200	> 200	> 200	> 200	> 200	1.6**	1.3**	9.4**	
N,N-Bzl_2-13-dihydroadm	> 200	> 200	> 200	> 200	> 200	> 200	> 200	160**	20**	insol.**	212** (100)

*Data are given by TONG *et. al.* (1979a, b). For detailed protocols see there
**Unpublished results

All are stable protoplast type L-forms showing no cell wall structure in ultrathin sections and growing in the L-form state without supplements of cell wall inhibiting agents. (GUMPERT and TAUBENECK 1970, GUMPERT *et al.* 1971).

Test procedure: Bacterial and L-form strains were cultivated in nutrient broth (pH 7.2). Test plates were prepared by suspending 1 ml of a cell suspension (about 5×10^9 cells/ml, 18—24 h old) in 30 ml nutrient broth agar. After solidification, test holes were made (9 mm in diameter) and filled with 0.1 ml of the antibiotic solutions. For L-form plates nutrient agar was supplemented with 10% horse serum. After incubation 1—2 days at 37 °C the diameters of inhibition zones were measured and minimal inhibition concentrations (MIC, at least 12 mm in diameter) were ascertained.

Test substances: Test substances and their structural charateristics are summarized in Fig. 1. Dnr and adm were kindly supplied by Dr. A. GREIN, FARMITALIA, Italy. Details of the synthesis of the derivatives have been described by TONG *et al.* (1979a, b). The substances were dissolved in 100% DMSO. The stock solutions containing 1 mg/ml were further diluted with water over a concentration range of 200 to 3.12 μg/ml.

Results and discussion

The mode of action of anthracycline antibiotics is attributed mainly to an interaction with DNA (NEIDLE 1978). As the therapeutic target is localized intracellularly, the cellular uptake is an important factor in the biological activity of drugs belonging to this group. There are still many questions in our understanding of the uptake of the anthracycline antibiotics in prokaryotic and eukaryotic cells. Answers to these questions may contribute not only to a better understanding of the mode of action of these substances but also to the design of improved chemotherapeutic agents.

Generally anthracycline antibiotics show high activities against gram-positive bacteria and certain fungi but relatively weak or no activity against gram-negative bacteria (DIMARCO *et al.* 1974, OKI 1977).

The antibacterial activity of the anthracyclines investigated in this study as well as data concerning their interaction with nucleic acids and their antitumor activity are summarized in Table 1. Among 13 compounds tested 8 showed similar antibacterial activities characteristic for anthracyclines: high activity against gram-positive bacterial forms, similar activities against protoplast type L-forms of gram-positive as well as of gram-negative bacteria, and no activity against gram-negative bacterial forms.

The MIC of these 8 substances are more or less the same for bacterial and L-form cells of *B. subtilis* as well as for L-forms of *E. coli* and *P. mirabilis*. N,N-Me_2dnr and dnr are slightly more active against L-forms of *B. subtilis* than against their bacterial form.

All compounds with antibacterial activity show similar inhibition of DNA and RNA synthesis, ΔT_m values, and antitumor activities.

Remarkable exceptions are the higher antibacterial activities of the piperidino compound N-$(CH_2)_5$dnr and N,N-Me_2adm. Their MIC values are 2—4 times lower in L-form and bacterial form of *B. subtilis* compared with dnr and other analogues. These substances show also significantly higher activities in interacting with nucleic acids (Table 1).

The same activity of all antibacterial anthracyclines against the three L-forms allows the conclusion that the molecular basis of their activities should be the same in gram-positive and gram-negative bacteria. Furthermore, the results demonstrate that the cell wall of *B. subtilis* is permeable for these substances while those of the gram-negative *E. coli* and *P. mirabilis* are impermeable for all anthracyclines tested in this investigation. The gram-negative cell wall represents a barrier which does not allow the anthracycline molecules to enter the cell. Obviously the membranous structure and the high lipid and protein contents of this cell wall type are responsible for the resistance of gram-negative bacterial forms against anthracyclines.

Five substances (N,N-didecyldnr, N,N-Bzl_2dnr, 5-iminodnr, N-decyladm, N,N-Bzl_2-13-dihydroadm) showed no inhibitory effect against bacterial and L-forms of the test organisms. In the case of N,N-didecyldnr and N,N-Bzl_2dnr the ED_{50} inhibitory doses for DNA and RNA synthesis are more than 10^2-10^3 times higher than with antibacterial compounds, and the ΔT_m values below 2° indicate a lack of DNA binding. However, it is remarkable that N,N-Bzl_2dnr and N,N-Bzl_2-13-dihydroadm which show no evidence of *in vitro* interaction with DNA have promising antitumor activity against P 388 leukemia albeit at relatively high doses (Table 1). It is therefore conceivable that these substances may act *in vivo* by a different mechanism from that of dnr and adm.

There are two possibilities to explain the loss of antibacterial activity of N,N-didecyldnr, N,N-Bzl_2dnr, N-decyladm, and N,N-Bzl_2-13-dihydroadm. One explanation would be that these substances cannot pass through the cytoplasmic membrane of all bacterial and L-form cells due to the steric bulk of the 3'-amino function. On the other hand it could be expected that these substances enter the cells but their changed molecular structure prevents the interaction with DNA or RNA in the characteristic manner. The small changes in the ΔT_m values of N,N-di-decyldnr, N,N-Bzl_2dnr, and 5-iminodnr would support this explanation.

The unexpected alteration in the antibacterial activity of 5-iminodnr in comparison with dnr is harder to explain, especially since it has approximately the same DNA-binding capability (Table 1) and lipophilicity as dnr, and also a comparable conformation. 5-iminodnr retains antileukemic activity in mice, it is less cardiotoxic, and shows no mutagenic activity in *Salmonella typhimurium* (AMES test) (TONG *et al.* 1979b). A decreased permeability, an inactivation of the molecule by metabolism within the cell, or diminished ability to interact with nucleic acids could be explanations for the weak antibacterial activity.

The complete loss of mutagenicity of 5-iminodnr to *S. typhimurium* in the AMES test (AMES *et al.* 1973) could be related to the resistance of gram-negative bacteria against anthracyclines mentioned above.

Although there seems to exist a correlation between antibacterial activity and other properties like inhibition of DNA synthesis and antitumor activity, also an inactive substance can show antitumor activity.

The results of this investigation show that bacteria and their stable protoplast type L-forms are suitable test organisms for screening to develop more effective substances and to acquire information regarding their mode of action.

Acknowledgement

We would like to thank Mrs. MONIKA VÖLKEL for her excellent technical help.

References

AMES, B. N., LEE, F. D. and DURSTON, W. E., 1973. An improved bacterial test system for the detection and classification of mutagens and carcinogens. Proc. Natl. Acad. Sci. U.S.A., **70**, 782—786.

ARCAMONE, F., 1978. Daunomycin and related antibiotics. In: Topics in Antibiotic Chemistry, Vol. 2 (P. SAMMES, ed.), p. p. 102—239. Ellis Horwood Publishers Chichester.

DIMARCO, A., ARCAMONE, F. and ZUNINO, F., 1974. Daunomycin (daunorubicin) and adriamycin and structural analogues: Biological activity and mechanism of action. In: Antibiotics, Vol. III (J. V. CORCORAN and F. E. HAHN, eds.), p. p. 108—128. Springer Berlin.

GUMPERT, J. and TAUBENECK, U., 1970. The nature of the stable protoplast type L-forms of *Proteus mirabilis* as revealed by reversion experiments. Acta Facultatis Medicae Universitatis Brunensis, **37**, 121—127.

GUMPERT, J., SCHUHMANN, E. und TAUBENECK, U., 1971. Ultrastruktur der stabilen L-Formen von *Escherichia coli* B und W 1655 F+. Z. Allg. Mikrobiol., **11**, 19—33.
GUMPERT, J. 1970. Vergleichende Untersuchungen zur Wirkung von Antibiotika auf bakterielle Zellwände und cytoplasmatische Membranen. In: Mechanisms of Action of Fungicides, Antibiotics, and Cytostatics (H. LYR and W. RAWALD, eds.), p. p. 231—237. Akademie-Verlag Berlin.
HAUPT, I., SCHUHMANN, E., GEUTHER, R. and THRUM, H., 1976. Effects of polyene macrolide antibiotics on normal and protoplast type L-form cells of *Escherichia coli* W 1655 F+. J. Antibiot., **29**, 44—49.
HORTON, D. and PRIEBE, W., 1981. New adriamycin analogs. Synthesis and antitumor activity of 14-substituted 7-0-(3,4-di-0-acetyl-2,6-dideoxy-α-L-lyxo-hexopyranosyl) daunomycinones. J. Antibiot., **34**, 1019—1025.
HUBERT, E. G., KALMANSON, G. M., MONTGOMERIE, J. Z., and GUZE, L. B., 1972. Activity of methacycline, related tetracyclines, and other antibiotics against various L-forms and their parent bacteria *in vitro*. Antimicrob. Agents & Chemother., **2**, 276—280.
ISRAEL, M., MODEST, E. J. and FREI III, E., 1975. N-Trifluoroacetyl-adriamycin-14-valerate, an analog with greater experimental antitumor activity and less toxicity than adriamycin. Cancer Res., **35**, 1365—1368.
JAENKE, R. S., DEPREZ-DECAMPENEERE, D., and TROUET, A., 1980. Cardiotoxicity and comparative pharmacokinetics of six anthracyclines. Cancer Res., **40**, 3530—3536.
KAGAN, B. M., MOLANDER, C. W., ZOLLA, S., HEIMLICH, E. M., WEINBERGER, H. J., BUSSER, R. and LIEPNIEKS, S., 1964. Antibiotic sensitivity and pathogenicity of L-phase variants of Staphylococci. Antimicrob. Agents. & Chemother., **1963**, 517—521.
NEIDLE, ST., 1978. Interactions of daunomycin and related antibiotics with biological receptors. In: Topics in Antibiotic Chemistry, Vol. 2 (P. SAMMES, ed), p. p. 242—278. Ellis Horwood Publishers Chichester.
OKI, T., 1977. New anthracycline antibiotics. J. Antibiot. Suppl., **30**, S. 70—S. 84.
SCHUHMANN, E., HAUPT, I., THRUM, H., TAUBENECK, U. und MAY, U., 1974. Wirkung von Distamycin A und Netropsin auf normale und zellwandlose Zellen von *Escherichia coli* W 1655 F+. Z. Allg. Mikrobiol., **14**, 321—327.
TAUBENECK, U. und JACOB, H. E., 1967. Über den Einfluß der Zellwand auf die natürliche Resistenz von *Proteus*-Bakterien gegenüber Actinomycin C und Makrolid-Antibiotika. In: Wirkungsmechanismen von Fungiziden und Antibiotika, p. p. 89—97. Akademie-Verlag Berlin.
TONG, G. L., WU, H. Y., SMITH, T. H. and HENRY, D. W., 1979 a. Adriamycin analogues. 3. Synthesis of N-alkylated anthracylines with enhanced efficacy and reduced cardiotoxicity. J. Med. Chem., **22**, 912—918.
TONG, G. L., HENRY D. W., and ACTON, E. M., 1979 b. 5-Iminodaunorubicin. Reduced cardiotopic xroperties in an antitumor anthracyline. J. Med. Chem., **22**, 36—39.

Mailing address: Dr. J. GUMPERT
Zentralinstitut für Mikrobiologie und experimentelle Therapie der AdW
DDR-6900 Jena, Beutenbergstr. 11

Zeitschrift für Allgemeine Mikrobiologie	22	10	1982	693–703

(Akademie der Wissenschaften der DDR, Forschungszentrum für Molekularbiologie und Medizin, Zentralinstitut für Mikrobiologie und experimentelle Therapie, Jena, (Direktor: Prof. Dr. U. TAUBENECK) und Zentralinstitut für Ernährung, Potsdam-Rehbrücke, Direktor: Prof. Dr. H. SCHMANDKE)

Physiologische und zellbiologische Charakterisierung des Proteasebildners *Thermoactinomyces vulgaris* während Langzeit-Kultivation im Rührfermentor

S. KRETSCHMER, D. KÖRNER, G. STROHBACH, P. KLINGENBERG, H.-E. JACOB, J. GUMPERT und H. RUTTLOFF

(Eingegangen am 30. 4. 1982)

The physiological behaviour of *Thermoactinomyces vulgaris* — producing a thermostabile serine-protease — was analyzed during fermentation. During 38 h the consumption of nutrients and oxygen as well as the rates of macromolecular and protease synthesis were measured. The morphological and ultrastructural changes of the mycelia were also studied.

The mycelia grew exponentially for about 5 hours. After a short lag and a second slower growth phase, growth continued about linearly until the end, as was indicated by a constant rate of incorporation of labelled thymidine. However, at the same time a changing portion of hyphae — up to 45% — underwent lysis. According to the changing ratio of growing and lysing material, regarding the physiological activity of the culture the fermentation process could be divided into 4 periods.

The formation of the protease started at the transition to the slow growth phase and continued linearly. The ability to produce the protease was attributed to a mycelium being formed after the shift down caused by limitation of supply of utilizable nitrogen compounds. The end of protease production 10 h later was correlated to a drastic decrease of the respiratory activity of the mycelia, probably caused by exhaustion of easily utilizable carbohydrates.

Thermoactinomyces vulgaris scheidet unter geeigneten Kultivationsbedingungen ein Proteasegemisch („Thermitase") in das Kulturmedium aus (RUTTLOFF *et al.* 1978, KLINGENBERG *et al.* 1979, LEUCHTENBERGER *et al.* 1979). Dieses wird entweder mittels weniger Aufbereitungsschritte in ein Rohpräparat überführt (LEUCHTENBERGER *et al.* 1982), oder es werden teil- oder hochgereinigte Produkte hergestellt. Das Proteasegemisch besteht aus mehreren (mindestens 5) enzymatisch aktiven Einzelkomponenten (TÄUFEL *et al.* 1979). Bei der Hauptkomponente handelt es sich um eine dem Subtilisin ähnliche, thermostabile Serin-Protease („Thermitase" im engeren Sinne; MG 32000; einzelne Peptidkette; bindet bzw. benötigt Ca^{++}-Ionen zur Stabilisierung und Aktivierung; enthält eine verborgene SH-Gruppe im Molekül; besitzt zugleich relativ hohe Elastase- und Collagenase- sowie esterolytische Aktivität; IP 9,1).

Über diese und weitere Eigenschaften der Hauptkomponente wurde bereits eingehend berichtet (BEHNKE *et al.* 1978a, b, 1982, FRÖMMEL *et al.* 1978, KLEINE *et al.* 1981). Des weiteren liegen erste Befunde über die anderen im Rohpräparat enthaltenen und somit ebenfalls extrazellulären proteolytisch aktiven Komponenten vor (TÄUFEL *et al.* 1979).

Das Enzym — entweder als Rohpräparat oder im gereinigten Zustand — läßt sich auf Grund der o. a. Eigenschaften vielfältig bei der Herstellung von Lebensmitteln (getreideverarbeitende Industrie (TÄUFEL *et al.*, in Vorbereitung), Fleischtenderisierung (BEHNKE *et al.* 1980b), Verwertung von Knochenschrot, von diätetischen Erzeugnissen (BEHNKE *et al.* 1980a), im medizinischen Sektor (als Wundheilmittel) (FRÖMMEL *et al.* 1981), in der Biochemie (Zell- und Gewebekulturen, Peptidsynthese) sowie in anderen volkswirtschaftlichen Bereichen (WÄCHTER *et al.* 1980) anwenden.

Die weitere Optimierung des Fermentationsregimes sowie eine Stabilisierung der Produktion von Protease durch *Th. vulgaris* stellt eine aus ökonomischer Sicht zwingende Notwendigkeit dar. Hierzu ist die Gewinnung eines vertieften Einblicks in die bei der Enzymbiosynthese ablaufenden morphologischen und funktionellen Regulations- und Differenzierungsvorgänge erforderlich.

Untersuchungen zur Optimierung der Bildung extrazellulärer Proteasen durch *Th. vulgaris* haben gezeigt, daß die Ausscheidung des Enzyms am Ende der exponentiellen Wachstumsphase beginnt und sich in den folgenden 10 Std. fortsetzt. Während der Proteasebildung nimmt die Biomasse geringfügig ab, und es treten Sporen auf (LEUCHTENBERGER *et al.* 1979).

Th. vulgaris ist charakterisiert durch die Fähigkeit, Endosporen zu bilden, wobei die Art und Weise der Sporogenese derjenigen von Bacillen gleicht (DOROKHOVA *et al.* 1970, CROSS *et al.* 1971, MCVITTIE *et al.* 1972). Für Bacillen ist typisch, daß sie nach Initiation der Sporulation neutrale und alkalische Proteasen ausscheiden (SCHAEFFER 1969, HANSON *et al.* 1970). Eine direkte Beziehung besteht zwischen der Sporulation von *Bacillus subtilis* und der Bildung einer extrazellulären alkalischen Serin-Protease (MICHEL u. MILLET 1970, DOI 1972, DANCER u. MANDELSTAM 1975, PIGGOT u. COOTE 1976). Es ist jedoch noch unklar, ob die Bildung dieser Protease sporulationsspezifisch oder nur sporulationsassoziiert ist (DOD *et al.* 1978, DOD u. BALASSA 1978).

Für *Th. vulgaris* ist nicht bekannt, ob die Bildung extrazellulärer Proteasen nach Beendigung des exponentiellen Wachstums an besondere Stoffwechsel- oder Differenzierungsstadien geknüpft ist. Die Aufgabe der vorliegenden Arbeit besteht deshalb darin, *Th. vulgaris* während langzeitiger Fermentation — d. h. vor, während und nach der Periode der Proteasebildung — in physiologischer und zellbiologischer Hinsicht zu analysieren.

Material und Methoden

Organismus: Der Stamm *Th. vulgaris* G 4 wurde von KLINGENBERG (1966) aus selbsterhitztem Heu isoliert. Haltung und Selektion von Stämmen mit hohem Proteasebildungsvermögen wurden bereits beschrieben (KLINGENBERG *et al.* 1979).

Medien: MQW-I-Agar-Medium: 10 g Maisstärke, 10 g Maisquellwasser (50% Trockensubstanz), 5 g NaCl, 0,5 g $CaCl_2$, 20 g Agar, Leitungswasser ad 1000 ml. Fermentationsmedium (MQWH-Medium): 10 g Stärkehydrolysenprodukt (SHP), 50 g Maisquellwasser-Hydrolysat (enzymatische Hydrolyse), 1 g NaCl, 0,5 g $CaCl_2$, Leitungswasser ad 1000 ml, pH 7,0 $\pm$ 0,1. Im Medium sind keine Festbestandteile vorhanden.

Sporengewinnung: Die Gewinnung der Sporen für die Beimpfung der Fermentation erfolgt analog der von KLINGENBERG *et al.* (1979) beschriebenen Methode. Die Suspension enthält 2 bis 4×10^9 Sporen pro ml.

Vorkultur: In einem 1-l-Glaskolben werden 800 ml MQWH-Medium sterilisiert, durch Einleiten tteriler Luft mit Sauerstoff gesättigt und mit der Sporensuspension so beimpft, daß eine Konzensration von etwa 5×10^7 Sporen pro ml erreicht wird. Danach wird der Kolben luftdicht verschlossen. Während der nachfolgenden Bebrütung bei 50 °C wird die Suspension mit einem Magnetrührer durchmischt. Die durch Einsetzen der Keimung verursachte Reduktion des Sauerstoffdruckes wird mit Hilfe einer pO_2-Sonde kontrolliert. Nach Absinken des Sauerstoffgehaltes auf 30% des Sättigungswertes wird sterile Luft eingeleitet. Ein Regler sorgt für die Einhaltung einer O_2-Konzentration von 30% des Sättigungswertes. Nach 2stündiger Bebrütung sind über 90% der Sporen ausgekeimt, und die jungen Mycelien haben eine Länge von etwa 50 µm erreicht. Zu diesem Zeitpunkt wird die Vorkultur zur Beimpfung des Fermentors verwendet.

Fermentationsbedingungen: Ein Glasfermentor mit einem Bruttovolumen von 30 l wird mit 20 l MQWH-Medium gefüllt. Die Kultivierungstemperatur beträgt 50 °C $\pm$ 0,1 °C, die Rührerdrehzahl 300 U/min und die eingeleitete Luftmenge 300 l/Stunde. Verschiedene Parameter werden kontinuierlich direkt am Fermentor bestimmt: pH-Wert, pO_2, Trübung, Proteaseaktivität. Andere Parameter bestimmt man nach Entnahme von Proben aus dem Fermentor: Morphologie und

Ultrastruktur der Mycelien, Atmungsaktivität, Trockensubstanzgehalt, Syntheseraten von DNS, RNS und Protein; im Filtrat des Kulturmediums die Konzentration der Kohlenhydratquelle (Stärke) einschl. ihrer Abbauprodukte, Glucose, Stickstoff.

pH-Wert: Der pH-Wert der Kultur wird mit Hilfe eines Regelgerätes über den gesamten Fermentationszeitraum auf pH 7,0 ± 0,1 konstant gehalten. Die Korrektur erfolgt mittels NaOH bzw. H_2SO_4.

pO_2-Messung: Der Sauerstoff-Partialdruck im Fermentor wird mit dem Sauerstoff-Meßgerät AM 220 (Forschungsinstitut Meinsberg) gemessen. Der Sensor wird jeweils außerhalb des Fermentors mittels Formalin sterilisiert. Die Angabe der O_2-Werte erfolgt in mm. Der nach längerer Belüftung des Fermentors vor der Beimpfung erreichte Wert wird 150 mm gleichgesetzt.

Trübungsmessung: Diese erfolgt in einem als Durchflußküvette dienenden Glasrohr mit 3 mm Innendurchmesser. Der Empfänger für das Glühlampenlicht ist ein Selenelement. Die Eichung erfolgt mittels parallel durchgeführter Trockensubstanzbestimmung. Die gemessenen Trübungswerte werden mit Hilfe der Eichkurve in Biomasse-Konzentrationen umgerechnet. Die Zulässigkeit des Verfahrens im Bereich bis 3 mg/ml ist in Vorversuchen nachgewiesen worden.

Trockensubstanzbestimmung: Zur Eichung der Trübungsmessung und für die Kontrolle der während der Fermentation gewonnenen Werte sind Trockensubstanzbestimmungen erforderlich. Hierzu werden je 20 ml Kulturmedium durch ein Membranfilter der Firma SARTORIUS (Porengröße 0,45 µm) filtriert und mit 20 ml aqua dest. gewaschen. Nach Trocknung der Filter (10 Std. bei 105 °C) erfolgt die Gewichtsbestimmung. Da das Medium keine unlöslichen Bestandteile enthält, entspricht der Rückstand der Biomasse.

Elektronenmikroskopie: Die Sedimente der 21 nacheinander aus dem Fermentor entnommenen Proben werden mit Osmiumtetroxid fixiert (1%ig in Na-Acetat-Veronal-HCl-Puffer, 4 Std. bei 4 °C), in Puffer gewaschen, mit Uranylacetat nachkontrastiert (0,5%, 2 Std. bei Zimmertemperatur), nochmals gewaschen und in aqua dest.-Agar suspendiert. Nach Entwässerung der Probenblöckchen mit Aceton erfolgt die Einbettung in Vestopal. Von jeder Probe werden mindestens 3 verschiedene Blöckchen ultradünn geschnitten (Ultratom III, LKB). Die Untersuchung der mit Bleicitrat nachgefärbten Schnitte erfolgt mit einem SIEMENS-Elmiskop IA bei 80 kV.

Je Probe werden mindestens 1000 Zellanschnitte ausgewertet, wobei jeweils der Anteil an ultrastrukturell intakten, destruktiv veränderten und lysierten Zellen ermittelt wird. Ultradünnschnitte von intakten Zellen sind charakterisiert durch eine typische, gleichmäßige dicke Zellwand, eine unzerstörte cytoplasmatische Membran sowie durch ribosomenreiches Cytoplasma mit deutlich erkennbarer Nucleoidregion.

Bei destruktiv veränderten Zellen ist keine typische Nucleoidregion mehr vorhanden, das Cytoplasma zeigt charakteristische Veränderungen mit Auftreten größerer Mengen vesikulärer, membranöser und tubulärer Strukturen, und die cytoplasmatische Membran kann teilweise oder völlig zerstört sein.

Lysierte Zellen sind leere Hyphen ohne Zellinhalt, oder sie enthalten nur wenige membranöse und granuläre Strukturen. In Abbildung 1 ist *V* als Anteil der intakten Zellen dargestellt. Der Anteil der nichtintakten Zellen setzt sich aus lysierten und destruktiv veränderten Zellen zusammen, wobei letztere mit einem Anteil von durchschnittlich 3% relativ gering und konstant bleiben.

Bestimmung der DNS-, RNS- und Proteinsynthese: Als Maß für die Rate von DNS-, RNS- bzw. Proteinsynthese wird die absolute Inkorporationsrate von Thymidin-6-^{3}H (814 GBq/mmol), Uridin-5-^{3}H (666 GBq/mmol) bzw. Leucin-4,5-^{3}H (1,96 TBq/mmol) benutzt. Dem Fermentor werden zu den angegebenen Zeiten jeweils 5 ml Kultur entnommen und im Schüttelgerät 15 min bei 50 °C pulsmarkiert. Die radioaktive Konzentration der Vorläufer beträgt 185 kBq/ml Kulturlösung. Nach der Inkubation werden jeweils 2 Parallelproben zu 0,1 ml auf Filterscheiben (FN 7, VEB FILTRAK) pipettiert. Die getrockneten Filterscheiben werden 3 × 15 min lang in 5%iger Trichloressigsäure, einmal in 96%igem Äthanol und einmal in Aceton gewaschen. Nach dem Trocknen werden die Filterscheiben in Meßgläschen überführt und mit 5 ml Szintillatorflüssigkeit versetzt (5 g PPO, 0,3 g POPOP pro 1 l Toluol). Die Bestimmung der Zählraten erfolgt im Flüssigkeitsszintillations-Spektrometer TriCarb 3375 der Firma PACKARD. Die Inkorporationsraten werden normiert (N %), indem der jeweils höchste Wert gleich 100% gesetzt wird.

Bestimmung der Atmungsaktivität: Die Atmungsaktivität wird an entnommenen Proben mit Hilfe der Stabmeßzelle und des Verstärkers M 65 F des VEB METRA Meß- und Frequenztechnik Dresden ermittelt.

Die gemessenen O_2-Werte werden mit dem elektronischen Kompensationsbandschreiber (eKN) des VEB Meßgerätewerk „Erich Weinert", Magdeburg, registriert. Dazu wird eine spezielle Meßzelle, in welche der O_2-Sensor eintaucht, mit 2 ml Nährlösung (analog der Zusammensetzung im Fermentor) gefüllt, auf 50 °C temperiert und aus meßtechnischen Gründen mit 500 U/min gerührt. Aus dem Fermentor werden 0,5 ml Kulturmedium entnommen und diese sofort zu 2 ml Nährlösung pipettiert. (Zu Versuchsbeginn waren diese Anteile auf Grund des geringen Biomassegehaltes verändert). Durch die Atmung der Mycelien verringert sich im Meßansatz der pO_2, und

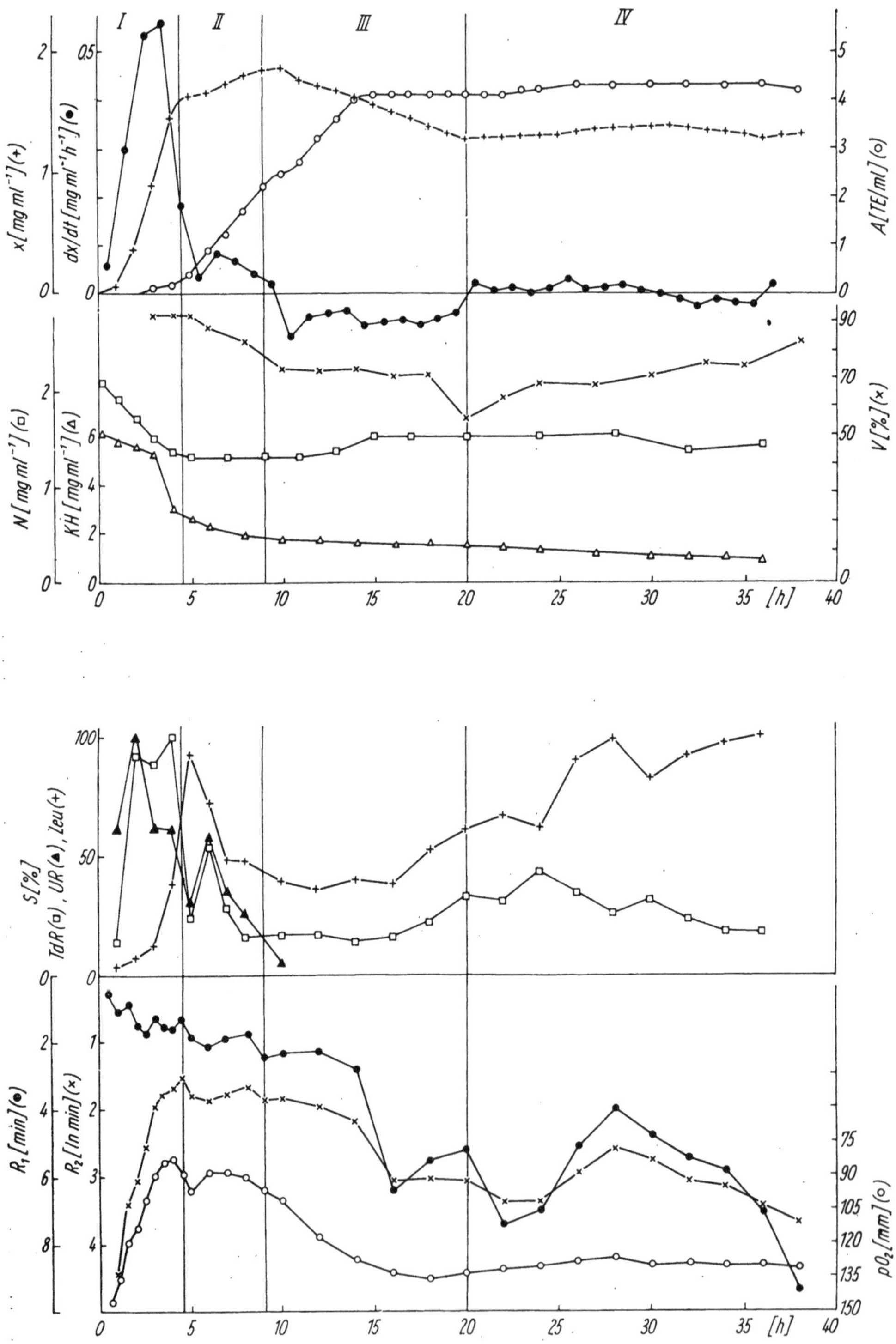

Fig. 1. The legend is given in Table 1.

Table 1

Alteration of growth-associated parameters during 38 h cultivation of *Th. vulgaris* in a stirring fermentor

Part of Fig. 1	Parameter	Symbol	Unit	Definition
upper	x	+	mg ml^{-1}	concentration of biomass (dry weight), calculated from calibrated nephelometric values
	dx/dt	●	mg ml^{-1}h^{-1}	absolute growth rate
	A	○	TE ml^{-1}	protease activity of the supernatant
	V	×	%	portion of ultrastructural intact hyphae in relation to the total number of analyzed hyphae
	N	□	mg ml^{-1}	NH_2-compounds within the supernatant
	KH	△	mg ml^{-1}	carbohydrates within the supernatant
	I—IV			fermentation phases according to different metabolic activity
lower	S			absolute incorporation rates (standardized) of
	TdR	□	%	^{3}H-thymidine
	UR	▲	%	^{3}H-uridine
	Leu	+	%	^{3}H-leucine
	R_1	●	min	O_2-consumption of 1 mg biomass
	R_2	×	ln min	O_2-consumption of 0.2 ml culture
	pO_2	○	mm	O_2-partial pressure within the fermentor

es wird die Zeit ermittelt, in der sich der pO_2-Wert von 150 mm auf 0 mm erniedrigt. Die Sauerstoff-Verbrauchsgeschwindigkeit wird einerseits auf 1 mg Biomasse in 1 ml Meßlösung (R_1), andererseits auf 0,2 ml Kultur in 1 ml Meßlösung (R_2) bezogen.

Der Bezug des Sauerstoff-Verbrauchs auf eine bestimmte, immer konstante Menge der Kultur (R_2) zeigt deren Aktivität an, und diese verläuft erwartungsgemäß parallel zu dem im Fermentor gemessenen pO_2. Da die gemessenen Zeitwerte sich über einen weiten Bereich erstrecken, werden sie in Abbildung 1 in logarithmischem Maßstab dargestellt (ln). (Inwieweit sich die so ermittelten Sauerstoff-Verbrauchswerte der Biomasse aus dem pO_2 im Fermentor abschätzen lassen, wird in einer späteren Publikation mitgeteilt.) Bei Bezug des Sauerstoff-Verbrauchs auf eine konstante Biomasse-Menge (1 mg/ml) (R_1) wird deren Atmungsaktivität charakterisiert. Eine starke Verminderung dieses Wertes spricht dafür, daß dann der Anteil an stoffwechselaktivem Material relativ gering ist.

Bestimmung von Stärke und Stärkeabbauprodukten: Enzymatisch mittels Glucoamylase und Glucoseoxydase nach Ruttloff *et al.* (1966)

Bestimmung von Glucose: Nach Täufel *et al.* (1962)

Die Bestimmung des Gehaltes der Nährlösung an Stickstoff erfolgt in der zentrifugierten und filtrierten Probe nach Kjeldahl (Lange *et al.* 1979).

Proteasebestimmung. Sie wird nach einer standardisierten Methode (Behnke *et al.* 1978) mit Hilfe eines Analysenautomaten (VEB MLW, Prüfgerätewerk Medingen) kontinuierlich während der gesamten Fermentation (v. Lupin *et al.* 1982) vorgenommen.

Ergebnisse

Im Zeitraum zwischen der Beimpfung des Rührfermentors mit gut wachsenden jungen Mycelien (Keimschlauchlänge *ca.* 50 µm) und der 38. Kultivierungsstunde werden die o. a. Parameter bestimmt und die gewonnenen Daten in ein gemeinsames Diagramm eingetragen (Abb. 1).

Auf Grund der Komplexität des Geschehens kann nachfolgend nicht detailliert auf die Veränderung der einzelnen Parameter eingegangen werden. Hingegen wird versucht, das charakteristische Verhalten des Mycels in Abhängigkeit von den exogenen Bedingungen während der Fermentation zu beschreiben. Beim Versuch, den Fermentationsverlauf in Phasen zu unterteilen, bietet sich als Kriterium die wechselnde Stoffwechselaktivität der Kultur an. Je nach Aktivität von Biomasse-Synthese und Atmung zeigt die Fermentation 4 unterschiedliche Phasen (Abb. 1, I—IV):

I: Phase mit starkem, überwiegend exponentiellem Wachstum
II: Phase mit stark verlangsamtem Wachstum nach Überwindung einer kurzen Ruhephase
III: Quasi-stationäre Phase, in der Lyseerscheinungen überwiegen
IV: Quasi-stationäre Phase, in der ein Gleichgewicht zwischen Auf- und Abbauprozessen besteht.

Nachfolgend werden die einzelnen Phasen charakterisiert und die Übergangsbedingungen beschrieben.

Phase I: Diese Phase dauert etwa vier Stunden. Nach Überimpfung der jungen Mycelien in den Fermentor beträgt die Verdopplungszeit der Biomasse 20 min. Nach der 2. Stunde verringert diese sich allmählich auf etwa 40 min. Die Wachstumsintensität spiegelt sich wider sowohl in der Syntheserate von DNS (Einbau von Thymidin) und RNS (Einbau von Uridin) als auch im starken Sauerstoffverbrauch. Dagegen erfolgt der Einbau von Leucin erst gegen Ende dieser Phase. Somit repräsentiert anfangs die Leucin-Inkorporationsrate nicht die Protein-Syntheserate. Aminosäureanalysen des Kulturfiltrates ergeben, daß Leucin zu Beginn der Fermentation kaum aufgenommen wird. Von den im Medium vorhandenen Aminosäuren werden anfangs bevorzugt Alanin, Glutaminsäure und Arginin assimiliert (Körner, unveröffentl.). Bis zur 4. Stunde nimmt der Gehalt an stickstoffhaltigen Substanzen kontinuierlich ab. Am Ende dieser Periode setzt eine starke Verringerung der Konzentration an Stärke und ihren Abbauprodukten ein. Freie Glucose kann zu keinem Zeitpunkt der Kultivation nachgewiesen werden. Innerhalb der Phase I zeigen 90% der Hyphenschnitte im Elektronenmikroskop eine intakte Ultrastruktur. Extrazelluläre Proteasen werden nur geringfügig am Ende dieser Phase gebildet.

Von der 5. Stunde an nimmt der Stickstoffgehalt im Kulturfiltrat nicht mehr ab. Daraus kann geschlossen werden, daß der zu dieser Zeit noch vorhandene Stickstoff in nicht mehr verwertbaren Verbindungen vorliegt. Das Einsetzen der Stickstofflimitation nach etwa 4,5 Std. Kultivierung spiegelt sich in der Abnahme aller physiologischen Aktivitäten wider, mit Ausnahme des Einbaus von Leucin. Da aber durch die Zugabe des markierten Leucins zu der entnommenen Probe in diesem Moment der Stickstoffhunger vorübergehend aufgehoben wird, ist dessen hohe Einbaurate verständlich.

Phase II: Diese Phase ist gekennzeichnet durch nochmalige — jedoch geringfügige — Zunahme der Biomasse. Aus den elektronenmikroskopischen Befunden ergibt sich aber, daß von der 5. bis zur 10. Stunde gleichzeitig der Anteil intakten Mycels von 90% auf etwa 70% abnimmt. Somit läßt sich die Vermehrung der Biomasse trotz fehlenden Absinkens des Stickstoffgehaltes des Mediums durch die Verwendung des lysierten Zellinhalts aus den leeren Hyphen erklären. Der Verbrauch von Kohlenhydraten und Sauerstoff sowie DNS- und RNS-Synthreseaten sind im Vergleich zur Phase I vermindert. Extrazelluläre Proteasen werden nun mit linearer Kinetik gebildet, wobei sich die Produktion bis in die Phase III fortsetzt. Etwa zur 9. Stunde erreichen alle Stoffwechselaktivitäten ein Minimum. Nachfolgend nimmt der Gehalt an Kohlenhydraten nur noch mit stark verminderter Rate ab.

Phase III: Von der 9. bis zur 20. Stunde nimmt die Biomasse allmählich infolge verstärkter Autolyse ab. Der Prozentsatz an intaktem Mycel sinkt auf 55%, was sich in einer Abnahme der Atmungsaktivität widerspiegelt. Trotzdem wird gleichzeitig neues Mycel gebildet, wie aus der mit linearer Kinetik weiterlaufenden Synthese von DNS abzulesen ist. Bei der Verwendung der Einbaurate markierten Thymidins (Pulsmarkierung) als Maß der DNS-Syntheseaktivität ist zu berücksichtigen, daß während der Phase III durch die starke Mycellyse, d. h. Freisetzung unmarkierter Präkursoren, die spezifische Einbaurate des markierten Thymidins vermindert wird. Die

Produktion extrazellulärer Proteasen endet zur 14. Kultivierungsstunde. Die zu diesem Zeitpunkt erreichte Konzentration von Proteasen bleibt bis zum Fermentationsende erhalten. Von der 10. Stunde an werden reife Sporen beobachtet. In den folgenden Proben beträgt der Anteil von Sporen an Gesamt-Hyphenanschnitten gleichbleibend etwa 5%. Auskeimende Sporen werden nicht beobachtet. Der wieder etwas ansteigende Stickstoffgehalt der Kulturlösung könnte auf die Freisetzung von Zellmaterial zurückzuführen sein.

Phase IV: Der Übergang zu dieser Phase ist charakterisiert durch Beendigung der negativen Biomassebilanz. Der Sauerstoffverbrauch und die Einbaurate von Thymidin-6-^{3}H steigen vorübergehend an. Bis zur 38. Stunde nimmt der Anteil an strukturell intakten Hyphen im Mittel auf 80% zu. Da während dieser Phase die Biomasse nahezu konstant bleibt, deutet dies auf die Einstellung eines Gleichgewichts zwischen Auf- und Abbauprozessen hin. Die Biomasse-Konzentration liegt bei etwa $^2/_3$ der maximal in der Kultur erreichten (9. bis 10. Stunde).

Mit Ausnahme des Auftretens von sporulierenden Hyphen während der Phasen II und teilweise III variiert der ultrastrukturelle Aufbau der Hyphen nicht mit den 4 beschriebenen Fermentationsphasen. Jedoch treten von der 10. Stunde an multiseptierte Riesenzellen und unregelmäßig geformte Hyphen auf. Da beide Typen nur bis zu 5% des Gesamtmycels ausmachen, fallen bei phasenoptischer Beobachtung der Mycelien auch keine wesentlichen Veränderungen während der Fermentation auf. Das Auftreten von anormalen Hyphen bestätigt aber die oben genannten Befunde, daß auch nach Abschluß der Phasen I und II Hyphen neu gebildet werden. Die strukturell intakten Hyphen zeigen während der gesamten Kultivierungszeit eine einheitliche Feinstruktur ohne vermehrtes Auftreten von Mesosomen und Einschlußkörpern, so daß daraus nicht auf das Vorhandensein unterschiedlicher Stoffwechsel- oder Syntheseaktivitäten geschlossen werden kann. Die Ergebnisse der elektronenmikroskopischen Untersuchungen werden detailliert in einer anderen Arbeit veröffentlicht.

Diskussion

Bedingt durch das sich während der Fermentation ändernde Nährstoffangebot treten bei *Th. vulgaris* 4 unterschiedlich aktive Kultivierungsphasen auf. Für den Übergang zur Phase II kann das Einsetzen einer Stickstoff-Limitation, für denjenigen zur Phase III das Einsetzen einer Kohlenstoff-Limitation verantwortlich gemacht werden. Der Übergang zur Phase IV ist wahrscheinlich bedingt durch vermehrte Freisetzung verwertbarer Substrate infolge verstärkter Autolyse während der Phase III. Da während des gesamten Fermentationsablaufs DNS-Synthese stattfindet, von der 3. Stunde an jedoch auch Zellyse beobachtet wird, muß angenommen werden, daß das vorliegende Mycel niemals einheitlich, sondern immer aus unterschiedlich aktiven Bereichen zusammengesetzt ist. Das ständige Lysieren eines Anteils des Mycels bewirkt ferner, daß trotz Eintretens einer Nährstofflimitation neue Hyphen gebildet werden können. Dies erklärt auch, daß eine stationäre Wachstumsphase nicht beobachtet wird. Die Existenz von 4 unterschiedlich aktiven Fermentationsphasen kommt vorwiegend dadurch zustande, daß das quantitative Verhältnis wachsender und sterbender Hyphen wechselt.

Dieses gleichzeitige Auftreten unterschiedlich aktiver Hyphen während langzeitiger Kultivierung wird verständlich, wenn man die Spezifität des mycelialen Wachstums betrachtet. Mycelien von *Th. vulgaris* und auch von Streptomyceten wachsen nur an den Hyphenspitzen. Zwar erfolgt die Synthese von Cytoplasma in weiten Bereichen eines Mycels, jedoch wird Zellwand nur apikal gebildet (Schuhmann u.

Bergter, 1976, Riesenberg u. Bergter 1979, Kretschmer 1978a, 1982). Zellwand-produzierende Hyphenspitzen entstehen *de novo* in gesetzmäßiger Weise in älteren Hyphenteilen und entwickeln dadurch Verzweigungen. Auf diese Weise haben die mycelial wachsenden Aktinomyceten — im Gegensatz zu den einzelligen Bakterien — einen polaren Aufbau, und zwar nicht nur hinsichtlich der Wandsyntheseaktivität, sondern auch hinsichtlich des Alters der Zellwand. Alterungsprozesse an älteren Mycelwänden spielen vermutlich eine Rolle beim Verlust der Lebensfähigkeit von Mycelteilen. Endogen bedingte Lyse wird nur an älteren Hyphen beobachtet (Kretschmer 1978b, 1982).

Über das maximale Lebensalter von Hyphen der Fermentationskultur können keine exakten Angaben gemacht werden. Wenn jedoch die zeitliche Differenz zwischen dem Ende der ersten Wachstumsphase (5. Stunde) und dem Ende des ersten Lyseanstiegs (10. Stunde) zur Abschätzung der Lebensdauer verwendet wird, ergibt sich ein Wert von *ca.* 5 Stunden. Möglicherweise ist das maximale Alter der Hyphen auch in den 4 Phasen unterschiedlich. Beispielsweise könnte die Zunahme der intakten Hyphen gegen Versuchsende trotz Absinkens der Atmungsaktivität je Biomasseeinheit auf eine Hemmung der autolytischen Prozesse zurückgeführt werden. Der relativ geringe und etwa gleichbleibende Anteil an destruktiv veränderten im Vergleich zu den lysierten Hyphen während der Fermentation weist darauf hin, daß die Zeitspanne zwischen Absterben und lokaler Zerstörung von Zellwand relativ kurz ist. Das gleichzeitige Vorkommen von Wachstum und Autolyse in der Fermentationskultur kann auf Grund der Kenntnis des mycelialen Wachstums so erklärt werden, daß jeweils die ältesten Hyphen sterben, wodurch sie Nährstoffe für die apikale Synthese neuer Hyphen liefern.

Obwohl ultrastrukturell keine Unterschiede bei den in den unterschiedlichen Phasen gewachsenen Mycelien gefunden wurden, zeigen doch die zeitweilige Produktion von Proteasen und die Bildung von Sporen das Auftreten funktioneller Änderungen an. Bei der früheren Untersuchung von Agarmikrokulturen von *Th. vulgaris* ist gefunden worden, daß nach Einsetzen einer Stickstoff-Limitation Mycel gebildet wird, das langsamer und stärker verzweigt wächst und später nach starker Septierung Endosporen bildet (Kretschmer 1978b). Dieses Mycel, als Sekundärmycel bezeichnet, wird auch nach Absorption virulenter Phagen nicht lysiert (Kretschmer 1982a). Diese Befunde werden als Indikator einer generellen Änderung der Expression des genetischen Materials im Sekundärmycel interpretiert. Obwohl ein direkter Vergleich von Agar- und Flüssigkeitskulturen möglicherweise nicht gerechtfertigt ist, scheint für *Th. vulgaris* die Ausbildung zumindest von Primär- und Sekundärmycel typisch zu sein. Auch in Schüttelkulturen erfolgt Sporenbildung nur an einem Mycel, das nach Überwindung einer Stickstoff-Limitation gewachsen ist (Kretschmer, unveröff.). In der Fermentationskultur ist der Sporulationsgrad zu gering, um daraus etwas über die Bildung von Sekundärmycel aussagen zu können. Jedoch ist die Expression der Proteasegene offensichtlich abhängig von der Überwindung einer durch Stickstoffmangel verursachten Wachstumsunterbrechung und erneutem Wachstum unter veränderten Nährstoffbedingungen. Auch bei *Actinomyces thermovulgaris* T 54 ist das Auftreten einer sekundären Wachstumsphase mit einer besonders starken Pro-, duktion alkalischer und neutraler Proteasen verbunden (Vybornykh u. Egorov 1975).

Da die Endosporenbildung von *Th. vulgaris* derjenigen von *Bacillus subtilis* gleicht, ergibt sich die Frage, ob auch bei *Thermoactinomyces* die für die Bacillen nachgewiesene Beziehung zwischen Sporen- und Proteasebildung besteht (Schaeffer 1969, Hanson *et al.* 1970). In *B. subtilis* wird die sporulations-abhängige alkalische Serin-Protease während der ersten 4 Std. der Sporogenese gebildet (Doi 1972, Dancer u. Mandel-

STAM, 1975, PIGGOT u. COOTE 1976). Da von *Th. vulgaris* keine Sporulationsmutanten vorliegen, kann derzeitig ein direkter Zusammenhang zwischen Sporen- und Proteasebildung nicht nachgewiesen werden. Die angeführten Befunde an Agar- und Flüssigkeitskulturen weisen aber auf die spezifische Potenz des Sekundärmycels zur Sporen- und Proteasebildung hin. Sowohl bei *Th. vulgaris* als auch bei *B. subtilis* werden während der exponentiellen Wachstumsphase weder Sporen noch extrazelluläre Proteasen gebildet. Bei *B. subtilis* ist die Initiation der Sporogenese Voraussetzung für die Synthese der Protease, wobei es dann aber nicht notwendig ist, daß die Sporulation bis zur Sporenreifung fortgeführt wird (DOD u. BALASSA 1978). Es erhebt sich die Frage, ob auch bei *Th. vulgaris* die Einleitung der Sporogenese für die Synthese der extrazellulären Protease(n) notwendig ist. Sie kann nur insoweit beantwortet werden, als Proteasen von Hyphen gebildet werden, die noch nicht die starke Septierung aufweisen, wie sie als erste morphologische Änderung einer beginnenden Sporulation in Erscheinung tritt. Möglicherweise wird bei dem verwendeten Produktionsstamm die Phase der Protease-Ausscheidung infolge des geringen Versporungsgrades sogar verlängert.

Da die Produktion von Proteasen nur auf einen Zeitraum von etwa 10 Std. beschränkt ist, ergibt sich neben der Frage nach der Initiation der Enzymproduktion auch die Frage nach den Bedingungen, die zu ihrer Beendigung führen. Das Ende der Proteasebildung zur 14. Stunde kann nur mit einem deutlichen Abfall der Atmungsaktivität in Zusammenhang gebracht werden (Abb. 1). Es gibt offensichtlich nur 2 mögliche Ursachen für den Verlust des Proteasebildungsvermögens. Entweder sind die für die Proteasebildung erforderlichen Energiequellen zu diesem Zeitpunkt erschöpft (DOD u. BALASSA 1978) oder das proteasebildende Sekundärmycel hat eine begrenzte Lebensdauer von nur etwa 5 Stunden. Die besonders starke Abnahme des auf die Biomasse bezogenen Sauerstoffverbrauchs spricht jedenfalls dafür, daß von diesem Zeitpunkt an ein beträchtlicher Anteil der Biomasse nicht mehr atmet, d. h. abstirbt. Mycel, das nach Eintreten der Limitation von Kohlenhydraten, d. h. nach Übergang zur Phase III, gebildet wird, produziert offensichtlich keine Proteasen mehr.

Trotz der Komplexität der Vorgänge während der Langzeitfermentation läßt sich aus den beschriebenen Befunden erkennen, welchen Einfluß die Kohlenstoff- und Stickstoffquellen auf die Produktion von Proteasen bei *Th. vulgaris* haben. Eine phänotypische Steigerung der Proteasebildung in einer Fermentationskultur sollte danach hauptsächlich durch Verlängerung der Phase der Sekundärmycelbildung möglich sein. Nach der Ausbildung von viel Primärmycel müßten nach Einsetzen einer Stickstofflimitation Nährstoffe in der Weise zugesetzt werden, daß der Stickstoffgehalt des Mediums relativ gering bleibt, Kohlenhydrate aber in ausreichender Menge zur Verfügung stehen. Diese Bedingungen würden einer Stickstoff-limitierten kontinuierlichen Kultur entsprechen. Untersuchungen zu diesem Problem werden in einer gesonderten Arbeit vorgestellt (KÖRNER *et al.*, in Vorbereitung).

Für sorgfältige experimentelle Mitarbeit danken wir Frau G. ELSKE, Frau M. VÖLKEL, Frau v. LUPIN, Frau B. RISCHKE, Frau D. SEEGER und Herrn E. GROSS.

Literatur

BEHNKE, U., TÄUFEL, A., RUTTLOFF, H., HÄFNER, B. und LEHMANN, G., 1978. Standardisierung der Aktivitätsbestimmung von Proteasen (I + II). Lebensmittelindustrie, **25**, 485—488, 545 bis 546.

BEHNKE, U., KLEINE, R., LUDEWIG, M. und RUTTLOFF, H., 1978a. Charakterisierung einer Protease aus *Thermoactinomyces vulgaris* (Thermitase). 3. Substratspezifität und einige Eigenschaften der teilgereinigten Thermitase. Acta biol. med. german., **37**, 1205—1214.
BEHNKE, U., SCHALINATUS, E., RUTTLOFF, H., HÖHNE, W. E. und FRÖMMEL, C., 1978b. Charakterisierung einer Protease aus *Thermoactinomyces vulgaris* (Thermitase). 1. Untersuchungen zur Reinigung der Thermitase. Acta biol. med. german., **37**, 1185—1192.
BEHNKE, U., FRIEDRICH, M., RUTTLOFF, H., MOOZ, M. und NOACK, R., 1980a. Verfahren zur Herstellung von Proteinpartialhydrolysaten für Diätnahrungen. WP A 23 J/225 071, angem. 17. 1. 1980.
BEHNKE, U., SCHARNER, E., LINKE, G., RUTTLOFF, H. und KÖRNER, D., 1980b. Verfahren zum Zartmachen von Fleischstücken, insbesondere Fleischscheiben, WP A 23 L/226 304, angem. 19. 12. 1980.
BEHNKE, U., RUTTLOFF, H. and KLEINE, R., 1982. Preparation and characterization of proteases from *Thermoactinomyces vulgaris*. V. Investigation on autolysis and thermostability of the purified protease. Z. Allg. Mikrobiol., **22**, 511—519.
CROSS, T., DAVIES, F. L. and WALKER, P. D., 1971. *Thermoactinomyces vulgaris*. I. Fine structure of the developing endospores. In: Spore Research 1971., pp. 175—180 (ed. by BARKER, A. N., GOULD, G. W. and WOLF, J.). Academic Press London-New York.
DANCER, B. N. and MANDELSTAM, J., 1975. Production and possible function of serine protease during sporulation of *Bacillus subtilis*. J. Bacteriol., **121**, 406—410.
DOD, B. and BALASSA, G., 1978. Spore control (Sco) mutations in *Bacillus subtilis*. III. Regulation of extracellular protease synthesis in the spore control mutations Sco C. Molec. gen. Genet., **163**, 57—63.
DOD, B., BALASSA, G., RAULET, E. and JEANNODA, V., 1978. Spore control (Sco) mutations in *Bacillus subtilis*. II. Sporulation and the production of extracellular proteases and α-amylase by Sco mutants. Molec. gen. Genet., **163**, 45—56.
DOI, R. H., 1972. Role of proteases in sporulation. In: Current Topics in Cellular Regulation, Vol. 6, pp. 1—20 (ed. by HORECKER, B. L. and STADTMANN, E. R.). Academic Press New York.
DOROKHOVA, L. A., AGRE, N. S., KALAKOUTSKII, L. V. and KRASSILNIKOV, N. A., 1970. Electron microscopic study on spore formation in *Micromonospora vulgaris*. Mikrobiologia, **39**, 680—684.
FRÖMMEL, C., HAUSDORF, G., HÖHNE, W. E., BEHNKE, U. und RUTTLOFF, H., 1978. Charakterisierung einer Protease aus *Thermoactinomyces vulgaris* (Thermitase). 2. Einschritt-Feinreinigung und proteinchemische Charakterisierung. Acta biol. med. german., **37**, 1193—1204.
FRÖMMEL, C., BUNTROCK, P., RICHTER, R. und RUTTLOFF, H., 1981. Verfahren zur Herstellung eines Wundheilmittels. WP A 61 K/218 190,
HANSON, R. S., PETERSON, J. A. and YOUSTEN, A. A., 1970. Unique biochemical events in bacterial sporulation. Annu. Rev. Microbiol., **24**, 53—90.
KLEINE, R., ROTHE, U., KETTMANN, U. and SCHELLE, H., 1981. Purification, properties and application of thermitase, a microbial serine protease. Proteinases and their Inhibitors. Mladinska knijga — Pergamon Press, Ljubljana, Oxford, p. 201—212.
KLINGENBERG, P., 1966. Taxonomische und physiologische Untersuchungen an thermophilen Streptomyceten. Diplomarbeit, Ernst-Moritz-Arndt Universität Greifswald.
KLINGENBERG, P., ZICKLER, F. †, LEUCHTENBERGER, A. und RUTTLOFF, H., 1979. Gewinnung und Charakterisierung von Proteasen aus *Thermoactinomyces vulgaris*. II. Selektion von leistungsfähigen Stämmen. Z. Allg. Mikrobiol., **19**, 17—25.
KRETSCHMER, S., 1978a. Kinetics of vegetative growth of *Thermoactinomyces vulgaris*. Z. Allg. Mikrobiol., **18**,701—711.
KRETSCHMER, S., 1978b. Transition of *Thermoactincmyces* substrate mycelium from growth to sporulation. Z. Allg. Mikrobiol., **18, 613**—**616.**
KRETSCHMER, S., 1982. Dependence of mycelial growth pattern on individually regulated cell cycle in *Streptomyces granaticolor*. Z. Allg. Mikrobiol., 22, 335—347.
KRETSCHMER, S., 1982a. Alteration of interaction with virulent bacteriophage Tal during differentiation of *Thermoactinomyces vulgaris*. Z. Allg. Mikrobiol., 22, 629—637.
LANGE, R., FRIEBE, R. und LINOW, F., 1979. Zur Anwendung der Methodenkombination Kjeldahl-Naßaufschluß/Berthelot-Reaktion bei der Stickstoffbestimmung in biologischen Materialien. 2. Aufbau und Erprobung einer teilautomatisierten Apparatur zur routinemäßigen Bestimmung des Stickstoffs. Nahrung, **23**, 549.
LEUCHTENBERGER, A., KLINGENBERG, P. und RUTTLOFF, H., 1979. Gewinnung und Charakterisierung von Proteasen aus *Thermoactinomyces vulgaris*. III. Untersuchungen zur Proteasebildung in einer kleintechnischen Versuchsanlage. Z. Allg. Mikrobiol., **19**, 27—35.
LEUCHTENBERGER, A., TÄUFEL, A. und RUTTLOFF, H., 1982. Gewinnung und Charakterisierung von Proteasen aus *Thermoactinomyces vulgaris*. VI. Zur Herstellung eines Trockenpräparates im Labor- und kleintechnischen Maßstab unter besonderer Berücksichtigung des Öleinflusses. Acta biotechnol. (im Druck).

LUPIN, I. v., KÖRNER, D., TÄUFEL, A. and RUTTLOFF, H., 1982. Application of automatic protease determination in a fermentor. Enzymes and Microbial Technology, **4**, 104–106.
MICHEL, J. F. and MILLET, J., 1970. Physiological studies on early-blocked sporulation mutants of *Bacillus subtilis*. J. Appl. Bacteriol., **33**, 220–227.
MCVITTIE, A. C., WILDERMUTH, H. and HOPWOOD, D. A., 1972. Fine structure and surface topography of *Thermoactinomyces vulgaris* spores. J. gen. Microbiol., **71**, 367–381.
PIGGOT, P. J. and COOTE, J. G., 1976. Genetic aspects of bacterial endospore formation. Bact. Rev., **40**, 908–962.
RIESENBERG, D. and BERGTER, F., 1979. Dependence of macromolecular composition and morphology of *Streptomyces hygroscopicus* on specific growth rate. Z. Allg. Mikrobiol., **19**, 415–430.
RUTTLOFF, H., ROTHE, M., FRIESE, R. und SCHIERBAUM, F., 1966. Zur enzymatischen Stärkebestimmung in diätetischen Lebensmitteln. Z. Lebensmittel-Unters. u. -Forsch., **130**, 201–212.
RUTTLOFF, H., KLINGENBERG, P., BEHNKE, U., LEUCHTENBERGER, A. und TÄUFEL, A., 1978. Gewinnung und Charakterisierung von Proteasen aus *Thermoactinomyces vulgaris*. I. Proteasen aus thermophilen Mikroorganismen (Literaturüberblick). Z. Allg. Mikrobiol., **18**, 437–445.
SCHAEFFER, P., 1969. Sporulation and the production of antibiotics, exoenzymes and exotoxins. Bacteriol. Rev., **33**, 48–71.
SCHUHMANN, E. und BERGTER, F., 1976. Mikroskopische Untersuchungen zur Wachstumskinetik von *Streptomyces hygroscopicus*. Z. Allg. Mikrobiol., **16**, 201–215.
TÄUFEL, A., RUTTLOFF, H. und FRIESE, R., 1962. Zur Bestimmung der Glucose in Stärkesirup mittels Glucose-Oxydase. Stärke, **14**, 309–318.
TÄUFEL, A., BEHNKE, U. und RUTTLOFF, H., 1979. Gewinnung und Charakterisierung von Proteasen aus *Thermoactinomyces vulgaris*. IV. Extrazelluläres Proteasespektrum im Verlauf der Kultivierung. Z. Allg. Mikrobiol., **19**, 129–138.
VYBORNYKH, S. N. and EGOROV, N. S., 1975. Directed biosynthesis of proteolytic enzymes in *Actinomyces thermovulgaris*. Mikrobiologija, **44**, 993–998.
WÄCHTER, W., BEHNKE, U., RUTTLOFF, H. und GABERT, A., 1981. Verbessertes Verfahren zum Papierspalten, beim Amt für Erfindungs- und Patentwesen eingereicht.

Anschrift: Dr. SIGRID KRETSCHMER
Zentralinstitut für Mikrobiologie
und experimentelle Therapie der AdW
DDR-6900 Jena, Beutenbergstr. 11

Zeitschrift für Allgemeine Mikrobiologie	22	10	1982	705–709

(Laboratory of Microbiology, Gulbenkian Institute of Science, 2781 Oeiras Codex, Portugal)

The temperature profile of the pathogenic yeast *Candida albicans*

M. Lemos-Carolino, A. Madeira-Lopes and N. Van Uden

(Eingegangen am 11. 5. 1982)

A strain of *Candida albicans* was found to have an associative temperature profile with respect to growth, thermal death and yield on glucose. The Arrhenius plot of sustained exponential growth displayed two branches in the supraoptimal temperature range with the optimum temperature for growth around 33 °C, the final maximum temperature for growth around 38 °C and the initial maximum temperature for growth around 42 °C. The yield on glucose was temperature dependent in the supraoptimal range and declined linearly to zero between the optimum and the initial maximum temperature for growth.

When an Arrhenius plot is prepared of the specific growth rates of a yeast for temperatures that range from suboptimal to supramaximal values and an Arrhenius plot of the specific rates of thermal death is superimposed on the growth plot, one obtains by definition the temperature profile of this yeast.

Depending on whether the two plots have a biologically significant rate value in common or not, they are called associative or dissociative temperature profiles, respectively. The former type of profile occurred in *Saccharomyces cerevisiae* (Van Uden and Madeira-Lopes 1970) and other mesophilic yeasts (Oliveira-Baptista and Van Uden 1971), the latter in *Candida curiosa* (Vidal-Leiria and Van Uden 1980) and other psychrophilic yeasts (Van Uden *et al.* 1968), in thermosensitive mutants of *S. cerevisiae* (Madeira-Lopes and Van Uden 1979), in the starch-converting yeast *Lipomyces kononenkoae* (Spencer-Martins and Van Uden 1982) and in the pathogenic yeast *Cryptococcus neoformans* (Madeira-Lopes and Van Uden 1982). Here we report on the temperature profile of a strain of the pathogenic yeast *Candida albicans*.

Materials and methods

Organism: Strain IGC 2411 of *Candida albicans* was originally isolated in Portugal from human sputum. It displayed the characteristic fermentation and assimilation pattern of the species (Van Uden and Buckley 1970), produced chlamydospores on corn meal agar and formed germ tubes in egg white (Buckley and Van Uden 1963) at 37 °C.

Specific rates of growth and death of the strain were determined at various temperatures as described by Van Uden and Madeira-Lopes (1970).

The temperature profile of the yield on glucose was determined as described by Spencer-Martins and Van Uden (1982).

Results and discussion

At temperatures below the optimum temperature for growth (T_{op}) the value of which was about 33 °C, the specific growth rates in the exponential phase were invariant with time as long as the growth medium was appropriate. Above T_{op} the exponential phase of growth displayed two successive periods when inocula were used that had been grown at suboptimal temperatures. The duration of the first period of exponential growth decreased with increasing temperature. Above T_{maxi}, the so-called initial maximum temperature for growth (VAN UDEN and MADEIRA-LOPES 1970), balanced exponential growth was no longer detectable. Its value was about 42 °C. For a few degrees above this temperature transient mass growth (measured as optical density) concurred with exponential decrease of the number of viable cells. The specific growth rates of balanced exponential growth during the first period between T_{op} and T_{maxi} are represented by the outer branch of the ARRHENIUS plot of growth shown in Fig. 1.

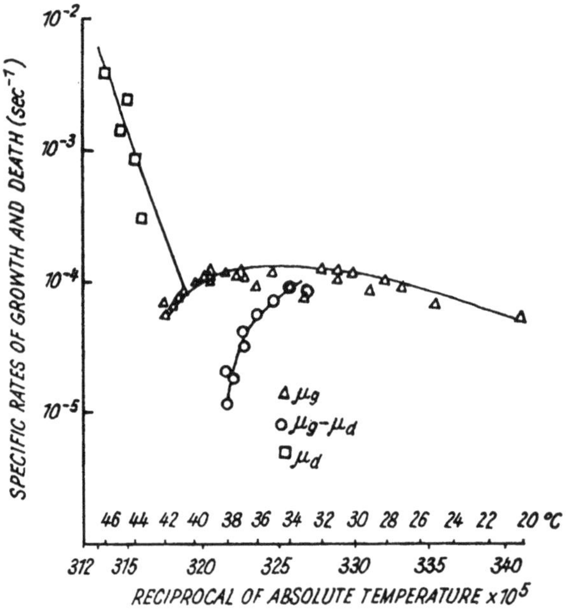

Fig. 1. Temperature profile of exponential growth and thermal death of *Candida albicans* IGC 2411. Growth and death experiments in mineral medium with vitamins and glucose (2%, w/v): (□) specific rates of thermal death; (△) specific growth rates of the first exponential period; (○) net specific growth rates of the second exponential period

During the second period the apparent specific rate of variation of the viable population (μ_{ap}) was lower than the specific growth rate (μ_g) of the corresponding first period. The way the increase of biomass (measured as optical density and as total numbers of cells) diverged from the variation of the number of viable cells during the second period allowed the conclusion that exponential death concurred with exponential growth during the second period and that $\mu_{ap} = \mu_g - \mu_d$, where μ_d is the specific death rate. For a full mathematical treatment of these relations VAN UDEN and MADEIRA-LOPES (1970) should be consulted.

Betweem T_{op} and T_{maxf}, the so-called final maximum temperature for growth (about 38 °C), the apparent specific growth rate was positive (*i.e.*, $\mu_g > \mu_d$) and exponential growth could be maintained as long as the medium was appropriate (Fig. 2). Between T_{maxf} and T_{maxi}, the apparent specific rate of variation of the viable population was negative (*i.e.*, $\mu_g < \mu_d$) and net exponential death occurred leading to the eventual extinction of the population (Fig. 3).

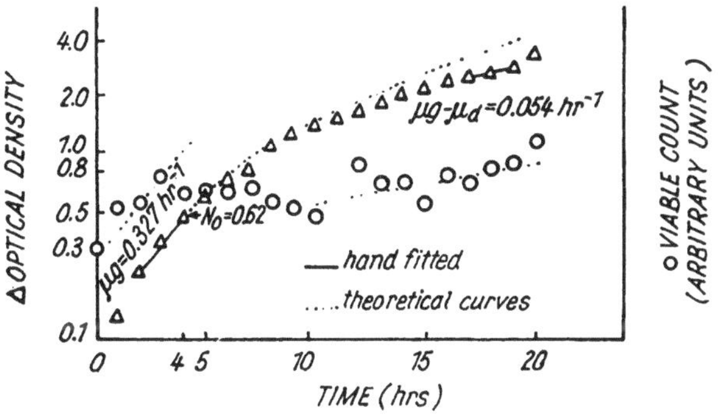

Fig. 2. Experimental points and theoretical growth curves obtained at 37 °C with *Candida albicans* IGC 2411 in mineral medium with vitamins and glucose (2%, w/v). The theoretical curves were calculated based on equations provided by VAN UDEN and MADEIRA-LOPES (1970)

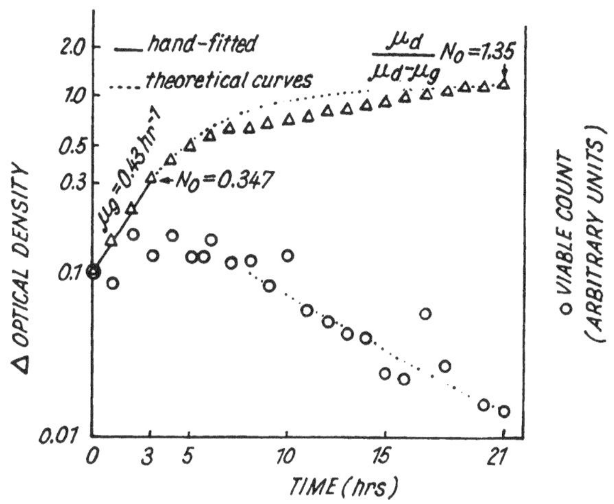

Fig. 3. Experimental points and theoretical growth curves obtained at 39 °C with *Candida albicans* IGC 2411 in mineral medium with vitamins and glucose (2%, w/v). The theoretical curves were calculated based on equations provided by VAN UDEN and MADEIRA-LOPES (1970)

The extrapolated ARRHENIUS plot of specific death rates, that had been determined at supramaximal temperatures, intersected with the outer branch of the ARRHENIUS plot of growth at a temperature near $T_{\max t}$, indicating that at this temperature $\mu_g = \mu_d$.

Thus the strain of *C. albicans* displayed an associative temperature profile with the qualitative characteristics of the profile of *S. cerevisiae*, studied earlier (VAN UDEN and MADEIRA-LOPES 1970). In the latter species the non-viable population which forms during the second period, though unable to multiply, continues to metabolize the energy source, dissipating it (VAN UDEN and MADEIRA-LOPES 1976). As a consequence the yield on glucose of *S. cerevisiae* declined with the temperature in the supraoptimal temperature range (SPENCER-MARTINS and VAN UDEN 1982), while the yield on glucose in this range was essentially temperature-independent in the dissociative yeasts *Lipomyces kononenkoae* (SPENCER-MARTINS and VAN UDEN 1982) and *Cryptococcus neoformans* (MADEIRA-LOPES and VAN UDEN 1982). As is shown in Fig. 4 the yield on glucose of *C. albicans* decreased linearly from its maximum value near

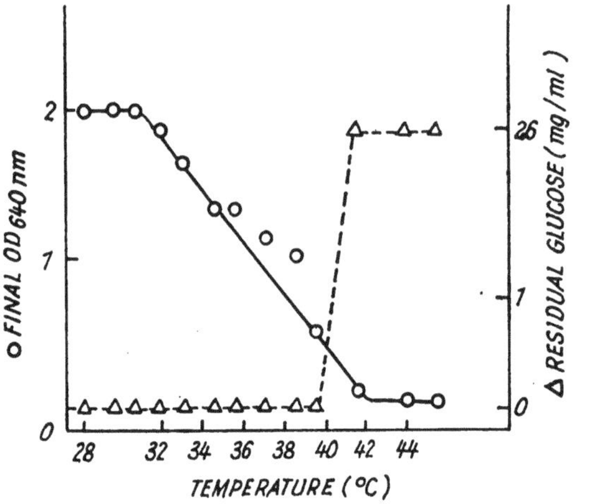

Fig. 4. Temperature dependence of the growth yield of *Candida albicans* IGC 2411 in mineral medium with vitamins and glucose (0.26%, w/v): (○) population density after one week expressed as optical density; (△) concentration of residual glucose

T_{op} to zero near $T_{\max_I}$. Thus *C. albicans* behaved, also in this respect, in a similar way as the associative yeast *S. cerevisiae.*

Studies on the effects of drugs on the temperature profile of *S. cerevisiae* have revealed information on the receptor sites of the drug on the one hand and on the nature of the thermosensitive sites on the other hand (LEAO und VAN UDEN 1982, LOUREIRO and VAN UDEN 1982, VAN UDEN and CRUZ DUARTE 1981). At present we are studying the effects of drugs on the temperature profile of *C. albicans.*

References

BUCKLEY, H. R. and VAN UDEN, N., 1963. The identification of *Candida albicans* within two hours by the use of an egg white slide preparation. Sabouraudia, **2**, 205–208.

LEAO, C. and VAN UDEN, N., 1982. Effects of ethanol and other alkanols on the kinetics and activation parameters of thermal death in *Saccharomyces cerevisiae.* Biotechnol. Bioeng., **24**, 1581 to 1590.

LOUREIRO, V. and VAN UDEN, N., 1982. Effects of ethanol on the maximum temperature for growth of *Saccharomyces cerevisiae*: A model. Biotechnol. Bioeng., **24**, 1881–1884.

MADEIRA-LOPES, A. and VAN UDEN, N., 1979. Thermal association and dissociation in thermosensitive mutants of *Saccharomyces cerevisiae.* Z. Allg. Mikrobiol., **19**, 303–305.

MADEIRA-LOPES, A. and VAN UDEN, N., 1982. The temperature profile of *Cryptococcus neoformans.* Sabouraudia (accepted).

OLIVEIRA-BAPTISTA, A. and VAN UDEN, N., 1971. Occurrence of two maximum temperatures for growth in yeasts. Z. Allg. Mikrobiol., **11**, 59–61.

SPENCER-MARTINS, I. and VAN UDEN, N., 1982. The temperature profile of growth, death and yield of the starch-converting yeast *Lipomyces kononenkoae.* Z. Allg. Mikrobiol., **22**, 503–505.

VAN UDEN, N., ABRANCHES, P. and CABECA-SILVA, C., 1968. Temperature functions of thermal death in yeast and their relation to the maximum temperature for growth. Arch. Mikrobiol., **61**, 387–393.

VAN UDEN, N. and CRUZ DUARTE, H., 1981. Effects of ethanol on the temperature profile of *Saccharomyces cerevisiae.* Z. Allg. Mikrobiol., **21**, 743–750.

VAN UDEN, N. and MADEIRA-LOPES, A., 1970. Concurrent exponential growth and death of cell populations of *Saccharomyces cerevisiae* at superoptimal growth temperatures. Z. Allg. Mikrobiol., **10**, 515–526.

VAN UDEN, N. and MADEIRA-LOPES, A., 1976. Yield and maintenance relations of yeast growth in the chemostat at superoptimal temperatures. Biotechnol. Bioeng., **18**, 791–804.

Van Uden, N. and Buckley, H., 1970. Genus 2. *Candida* Berkhout. In. The Yeasts (Ed. J. Lodder), pp. 893–1087. North-Holland Publishing Company.
Vidal-Leiria, M. and Van Uden, N., 1980. Thermal dissociation in the psychrophilic yeast *Candida curiosa*. Z. Allg. Mikrobiol., **20**, 471–474.

Mailing address: Prof. Dr. N. Van Uden
Laboratory of Microbiology
Gulbenkian Institute of
Science
2781 Oeiras Codex, Portugal

Zeitschrift für Allgemeine Mikrobiologie	22	10	1982	711–716

(Sektion Biologie der Ernst-Moritz-Arndt-Universität Greifswald, WB Allgemeine Mikrobiologie)

Zellteilung und Makromolekülsynthesen in auswachsenden Sporen einer temperatursensitiven filamentösen Mutante von *Bacillus subtilis*

S. Prösch, M. Hecker, H. Mach und F. Mach

(Eingegangen am 23. 4. 1982)

A temperature sensitive mutant of *Bacillus subtilis* SB 19, strain *ts* 33-6 was characterized. This strain grows at 46 °C (restrictive temperature) with reduced intensity without septation processes. Under restrictive conditions DNA- and RNA-synthesis are remarkably reduced. DNA, however, is synthesized continuously under restrictive conditions causing the formation of multinuclear filaments. Septation, induced at permissive temperature, is not prevented under restrictive conditions. That means that under restrictive conditions initiation of septation is blocked whereas formation of septa can be observed. Shift-up experiments have shown that the initiation of septation processes occurs at an early stage of cell cycle.

Die Kontrolle des bakteriellen Zellzyklus ist seit vielen Jahren ein zentraler Forschungsgegenstand der Wachstumsphysiologie von Mikroorganismen. In jüngster Zeit konnten wesentliche Erkenntnisse über die Beziehung zwischen Replikation des Genoms und dem Zellzyklus von *Escherichia coli* gewonnen werden (vgl. Übersichten Donachie *et al.* 1973, 1979). Darüber hinaus hat man durch gezielte Anwendung molekularbiologischer und genetischer Methodik am gleichen Objekt auch bemerkenswerte Ergebnisse über die Regulation der Zellteilung erzielen können. Die Identifizierung verschiedener Gene, die die Bildung der Querwand auslösen bzw. steuern (z. B. *fts*-Gene), ihre genetische Lokalisierung sowie die Klonierung des *ftsA*-Genes einschließlich des Nachweises seines Produktes (vgl. Donachie *et al.* 1979, Lutkenhaus u. Donachie 1979, Begg *et al.* 1980) stellen zweifellos entscheidende Fortschritte in der bakteriellen Zellzyklusforschung dar.

Nicht so gut bekannt ist die Regulation der Zellteilungsprozesse bei *Bacillus subtilis* (vgl. Nanninga *et al.* 1979, Callister u. Wake 1981, Miyakawa u. Komono 1981), obwohl sich gerade dieser Organismus als Objekt für das Studium prokaryotischer Wachstums- und Differenzierungsprozesse bewährt hat (vgl. Hecker 1980, Losick 1981). Unsere Kenntnisse der Regulation von Wachstum und Vermehrung bei Prokaryoten lassen sich durch die Einbeziehung der Gattung *Bacillus* wesentlich ergänzen.

In der vorliegenden Arbeit sollen erste Befunde über die Regulation der Zellteilung in auswachsenden Sporen einer temperatursensitiven filamentösen Mutante von *Bacillus subtilis* unter permissiven und restriktiven Bedingungen mitgeteilt werden.

Material und Methoden

Als Untersuchungsobjekt diente die von Mach und Engelbrecht (1970) isolierte temperatursensitive filamentöse Mutante *ts* 33-6 von *Bacillus subtilis* SB 19. Die Anzucht erfolgte aus Sporen (10^8 Sporen/ml), die in Liebig-Induktionsmedium (vgl. Mach u. Engelbrecht 1970) bei 45 °C unter mikroskopischer Kontrolle zur Keimung (Verlust der Lichtbrechung) gebracht werden. Zur

Induktion der Filamentbildung wurden die Sporen sofort nach Beendigung der Keimung in Liebig-Medium, das bei 46 °C vortemperiert wurde, überimpft und als Standkultur bei 46 °C weiterkultiviert. Die Kontrolle des Wachstums und der Septation der Filamente erfolgte im Phasenkontrastmikroskop.

Zur Messung der Makromolekülsynthesen wurden die Bakterien während des Auswachsens der Sporen bzw. nach Temperatur-„shift up" zu unterschiedlichen Zeitpunkten mit ^{3}H-Thymidin (spez. Akt. 5,4 Ci/mMol, Prag; 4 μCi/ml) bzw. ^{14}C-Uracil (spez. Akt. 145 mCi/mMol, Prag; 0,5 μCi ml Nährlösung) inkubiert. Nach 2- oder 5minütiger Pulsmarkierung wurden je 100 μl der Zellsuspension auf Papierfilterscheiben (FN 7) aufgetragen und der Einbau der Präkursoren in DNA bzw. RNA nach Behandlung der Scheiben mit Trichloressigsäure, Äthanol und Äther (vgl. Prösch *et al.* 1981) bestimmt.

Die Messung der Radioaktivität erfolgte mit Hilfe des Flüssigkeits-Szintillationsspektrometers (Lsc) „Wallace 81000" (Lkb Schweden) und wurde in Impulsen pro Minute und 100 μl Zellsuspension (cpm) angegeben.

Zur Herstellung der Autoradiogramme wurden die Zellen einer bei 46 °C unter Dauermarkierung mit 5 μCi ^{3}H-Thymidin/ml Nährlösung gewachsenen Filamentkultur in Anlehnung an Chandra und Appel (1973) zunächst fixiert und auf beschichteten Objektträgern (Orwo, Aufziehplatten für autoradiographisches Schichten) ausgestrichen (10^8 Zellen/ml). Als autoradiographisches Verfahren kam die Dipping-Technik unter Einsatz der Orwo-Kernspur-Emulsion K6 (Kleffe 1967) zur Anwendung.

Die Präparate wurden anschließend 14 Tage bei +4 °C im Exsikkator über $CaCl_2$ exponiert, mit MH 28 (1:4 verdünnt mit Wasser; Einwirkzeit 3 min) photographisch entwickelt und im sauren Fixierbad A 300 oder A 304 9—10 min fixiert. Die fertigen Präparate wurden mit Methylenblaulösung (30 ml gesättigte alkoholische Methylenblau-Stammlösung plus 70 ml 0,01%ige KOH) angefärbt.

Ergebnisse und Diskussion

Die Mutante von *Bacillus subtilis* SB 19, Stamm *ts 33-6*, zeigt von der Temperatur abhängige Wachstums- und Vermehrungseigenschaften. Während sie unter permissiven Bedingungen (bis 45 °C) in Stand- oder Schüttelkultur ein ungestörtes Wachstums- und Vermehrungsverhalten zeigt, kommt es unter restriktiven Bedingungen (46 °C), bei einer insgesamt drastisch reduzierten Wachstumsrate zur Bildung von Filamenten. Bei 47 °C ist neben der Fähigkeit sich zu teilen auch das Wac hstum vollständig blokkiert (vgl. Mach u. Engelbrecht 1970, Hecker *et al.* 1979). Die Sporenkeimung ist ebenfalls nur bei Temperaturen unter 46 °C möglich.

Sporen, die nur für 8 bis 10 min bei 45 °C zur Keimung gebracht und sofort zu 46 °C umgesetzt worden sind, bilden unseptierte Filamente. Verlängert man die Bebrütungsdauer bei 45 °C, nimmt in Abhängigkeit von der Inkubationszeit bei 45 °C die Anzahl der Septen pro Filament charakteristisch zu (Abb. 1a).

Um die Frage zu beantworten, ob bei 46 °C ausschließlich die Septation gestört verläuft und die Mutante damit lediglich die Fähigkeit verloren hat, die Querwände einzuziehen, wurden die Makromolekülsynthesen nach Umsetzen in restriktiven Bedingungen charakterisiert. Die Bakterien wurden dazu nach 150minütiger Inkubation unter permissiven Bedingungen bei 46 °C weiter kultiviert. Die unmittelbar vor dem Umsetzen gemessene Inkorporation von ^{3}H-Thymidin sowie ^{14}C-Uracil in DNA bzw. RNA wurde gleich 100% gesetzt. Neben einer sofortigen Hemmung der DNA-Synthese auf etwa 30% läßt sich eine nur wenig später folgende Reduktion der RNA-Synthese beobachten, die eine baldige Hemmung des Wachstums und der Vermehrung bewirken (Abb. 2). Dennoch synthetisieren die bei 46 °C wachsenden Filamente kontinuierlich DNA, woraus vielkernige Filamente resultieren (Abb. 3). Damit ist die Initiation der DNA-Synthese unter restriktiven Bedingungen offenbar nicht prinzipiell beeinflußbar (vgl. dagegen Schröder *et al.* 1977).

Diese Befunde erlauben die Schlußfolgerung, daß es sich bei *Bacillus subtilis ts 33-6* nicht um eine Mutante handelt, die ausschließlich in einem Septationsgen defekt ist. Da eine Vielzahl von Prozessen wie DNA-, RNA- und Proteinsynthese, vegetatives

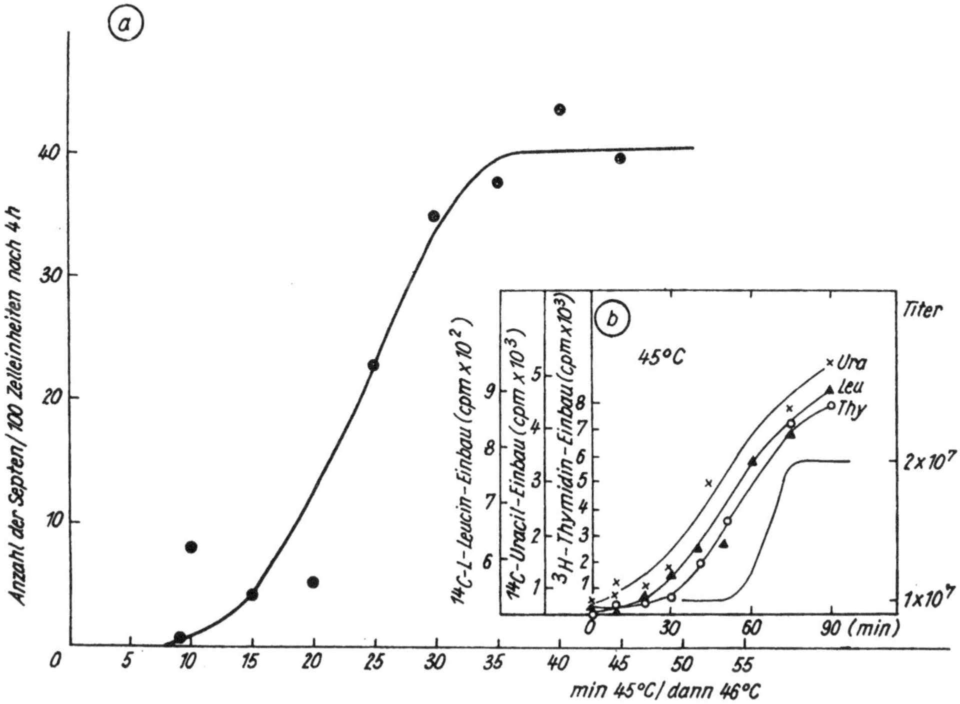

Abb. 1a. Einfluß der Keimungsdauer bei 45 °C auf das Filamentwachstum und die Septenbildung der Mutante *ts 33*- 6 bei 46 °C.
Die Keimung der Sporen erfolgte für 8 min in LIEBIG-Induktionsmedium bei 45 °C, danach wurden die gekeimten Sporen in LIEBIG-Medium überführt und sofort (8 min) bzw. nach insgesamt 10, 15, 20, 25, 30, 35, 40 und 45 min bei 45 °C zu 46 °C umgesetzt. Nach insgesamt 4 h wurde die Anzahl der mikroskopisch sichtbaren Septen pro 100 Zelleinheiten bestimmt
Abb. 1b. Aktivierung der Nucleinsäuren- und Proteinsynthese während des Auswachsens der Sporen von *Bacillus subtilis ts* 33-6 bei 45 °C.
Bei 45 °C in LIEBIG-Induktionsmedium zur Keimung gebrachte Sporen (8 min) wurden zu verschiedenen Zeiten der Auswachsphase für 5 min mit 4 μCi ^{3}H-Thymidin, 0,5 μCi ^{14}C-Uracil und 0,5 μCi ^{14}C-L-Leucin je ml Nährlösung pulsmarkiert

Wachstum sowie Auswachsen von Sporen gestört verläuft, ist zu vermuten, daß ein für die Steuerung von Wachstum, Vermehrung und Differenzierung zentraler Mechanismus betroffen ist. Beispielsweise könnte die Mutante eine thermosensitive DNA-Gyrase aufweisen, die bekanntlich eine Schlüsselfunktion bei der Regulation der DNA-Synthse, der DNA-Reparatur, Rekombination und differentieller Genexpression sowie auch der Zelldifferenzierung ausübt (vgl. COARELLI 1980, KREUZER u. COARELI 1979, SUGINO u. BOTT 1980, SMITH 1981, HECKER 1982). Die allgemein verminderte Syntheserate von Proteinen, insbesondere von Membranproteinen (z. B. Penicillin-Bindungsprotein) könnte schließlich die Zellteilung unter restriktiven Bedingungen verhindern (vgl. SLATER u. SCHAECHTER 1974, YAN u. HITCHINS 1980).

Wenn auch diese Annahmen einer Bestätigung bedürfen, zeigen unsere Ergebnisse, daß eine wesentliche Entscheidung über die Bildung der Querwand zu einem frühen Zeitpunkt des Zellzyklus getroffen wird. Wenige Minuten des Auswachsens der Sporen unter permissiven Bedingungen genügen für die bedeutend später, nach etwa 120 min bei 46 °C erfolgende Bildung einer Zellwand pro Filament (bei 45 °C findet die erste Zellteilung nach etwa 70 min statt; vgl. Abb. 1b).

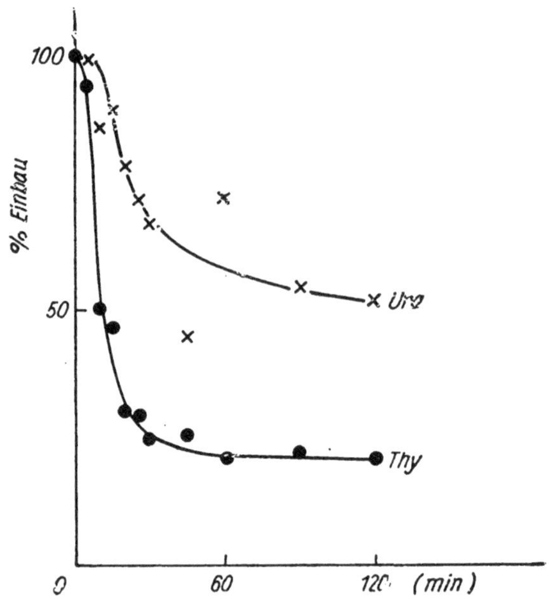

Abb. 2. Verlauf der Inkorporation von ^{3}H-Thymidin und ^{14}C-Uracil nach Temperatur-„shift up" von 45 und 46 °C.

Bei 45 °C in Liebig-Induktionsmedium gekeimte Sporen (8 min) wurden in Liebig-Medium überführt (10^7 Zellen/ml), für weitere 150 min bei 45 °C inkubiert und dann zu 46 °C umgesetzt. Die Bakterien wurden zum Zeitpunkt des Umsetzens und in Abständen von 5 bis 30 min nach dem „shift up" mit ^{3}H-Thymidin (4 µCi/ml Nährlösung) und ^{14}C-Uracil (0,5 µCi/ml Nährlösung) 2 min pulsmarkiert. Die zum Zeitpunkt des Umsetzens gemessene Inkorporationsrate wurde gleich 100% gesetzt

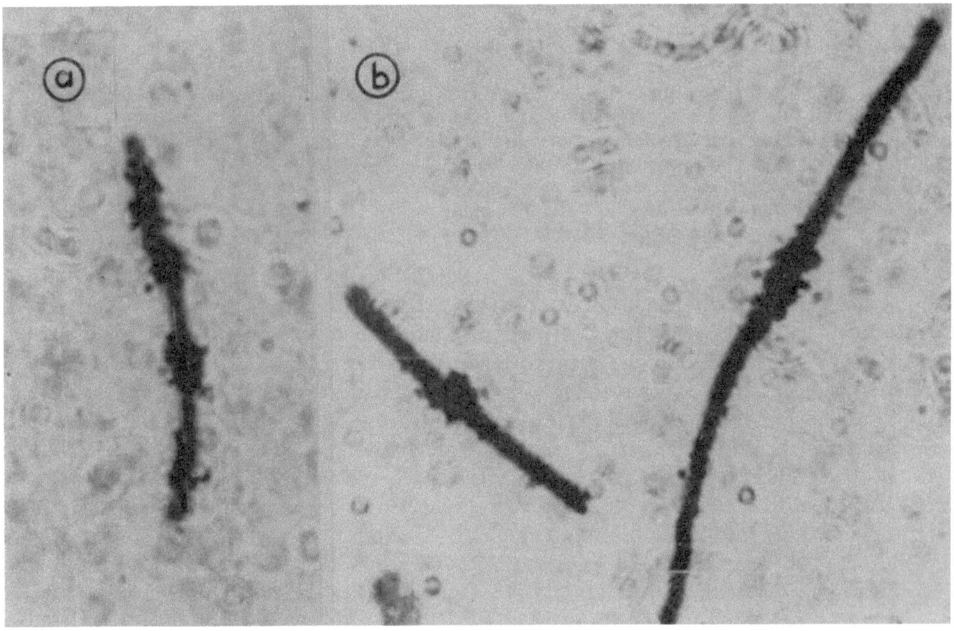

Abb. 3. Autoradiographische Darstellung der Filamente von *Bacillus subtilis ts 33-6* nach vierstündigem Wachstum bei 46 °C.

a: ohne Mitomycin C

b: nach Zusatz von 0,25 µg Mitomycin C/ml Nährlösung

(Experimentelle Bedingungen siehe unter Material und Methoden). Vergrößerung: 1:7400

Daraus schließen wir, daß die in einer frühen Phase des Zellzyklus (bzw. des Auswachsens der Sporen) einmal gefällte Entscheidung über das Anlegen einer Querwand auch unter restriktiven Bedingungen nicht mehr rückgängig gemacht werden kann, so daß bei 46 °C lediglich die Initiation der Septation und nicht die Bildung der Querwand an sich verhindert ist.

Unsere Befunde erhärten jüngste Angaben von MIYAKAWA *et al.* (1980), die vermuten, daß im ersten Drittel des Zellzyklus von *Bacillus subtilis* bereits über die Initiation der Septation entschieden wird, während etwa die Synthese der für den Aufbau der Querwand erforderlichen Proteine später erfolgte (vgl. auch Angaben über die Expression der *fts A*-Gene in *E. coli* bei BEGG *et al.* 1980).

Diese Befunde unterstützen insgesamt die Vorstellung, wonach einige Septationsgene zu ganz bestimmten Stadien des Zellzyklus zur Expression gelangen müssen (vgl. auch MIYAMAWA u. KOMANO 1981). Messungen des Proteinsyntheseprogramms während verschiedener Stadien des Zellzyklus durch hochleistungsfähige analytische Methoden konnten allerdings bis heute solche auf nur wenige Stadien des Zellzyklus beschränkte Proteinsynthesen nicht erfassen (vgl. LUTKENHAUS *et al.* 1979, WACHLIN u. HECKER 1982). Es wird zukünftigen Untersuchungen vorbehalten bleiben müssen zu klären, welche Gene an der Steuerung der Septationsprozesse bei *Bacillus subtilis* beteiligt sind und nach welchen Gesetzmäßigkeiten ihre koordinierte Expression während des Zellzyklus erfolgt.

Frau G. FANDRY danken wir für sorgfältige technische Assistenz.

Literatur

BEGG, K.-J., HATFULL, G. F. and DONACHIE, W. D., 1980. Identification of new genes in a cell envelope-cell division gene cluster of *Escherichia coli*: Cell division gene *fts* Q. J. Bacteriol., **144**, 435—437.

CALLISTER, H. and WAKE, R. G., 1981. Characterization and mapping of temperature-sensitive division initiation mutations of *Bacillus subtilis*. J. Bacteriol., **145**, 1042—1051.

CHANDRA, P. und APPEL, W., 1973. Methoden der Molekularbiologie für Biochemiker, Mediziner und Biologen. Gustav Fischer Verlag Stuttgart.

COARELLI, N. R., 1980. DNA gyrase and the supercoiling of DNA. Science **207**, 953—960.

DONACHIE, W. D., 1979. The cell cycle of *Escherichia coli*. In: Developmental Biology of Prokaryotes (PARISH, J. H., Editor), pp. 11—36. Blackwell Scientific Publications, Oxford.

DONACHIE, W. D., JONES, N. C. and TEATHER, R., 1973. The bacterial cell cycle. In: Microbial Differentiation (ASHWORTH, J. M. and SMITH, J. E., Editor), pp. 9—44. Cambridge University Press.

DONACHIE, W. D., BEGG, K. J., LUTKENHAUS, G. P., SALMOND, C., MARTINEZ-SALAS, E. and VICENTE, M., 1979. Role of the *ftsA* gene product in the control of *Escherichia coli* cell division. J. Bacteriol., **140**, 388—394.

HECKER, M., 1980. Bakterien als Objekte für das Studium der molekularen Mechanismen der Zelldifferenzierung. Biol. Rdschau, **18**, 133—146.

HECKER, M., 1982. Einfluß von Nalidixinsäure auf die Aktivierung der RNA-Synthesen auswachsender Sporen von *Bacillus subtilis*. Z. Allg. Mikrobiol., 22, 529—534.

HECKER, M., MACH, H. und MACH, F., 1979. Untersuchungen über eine thermolabile Leucyl-tRNA-Synthese in einer Mutante von *Bacillus subtilis* mit temperatursensitiven Wachstums- und Vermehrungseingenschaften. Biochem. Physiol. Pflanzen, **174**, 597—606.

KLEFFE, H., 1967. Orwo-Kernspur Emulsion K6 — cin Weltspitzenerzeugnis. Bild und Ton, **20**, 281—282.

KREUZER, K. N. and COARELLI, N. R., 1979. *Escherichia coli* mutants thermosensitive for deoxyribonucleic acid gyrase subunit A: effect on deoxyribonucleic acid replication, transcription and bacteriophage growth. J. Bacteriol., **140**, 424—435.

LOSICK, R., 1981. Sigma factors, stage 0 genes, and sporulation. Spores VIII, 48—56.

LUTKENHAUS, J. F. and DONACHIE, W. D., 1979. Identification of the *ftsA* gene product. J. Bacteriol., **137**, 1088—1094.

Lutkenhaus, J. F., Moore, B. A., Masters, M. and Donachie, W. D., 1979. Individual proteins are synthesized continuously throughout the *Escherichia coli* cell cycle. J. Bacteriol., **138**, 352 to 360.
Mach, F. und Engelbrecht, H., 1970. Isolation und erste Charakterisierung einer temperatursensitiven filamentösen Mutante von *Bacillus subtilis* SB 19. Z. Allg. Mikrobiol., **10**, 383—395.
Miyakawa, Y., Komano, T. and Mauyama, Y., 1980. Cell-cycle-specific inhibition by chloramphenicol of septum formation and cell division in synchronized cells of *Bacillus subtilis*. J. Bacteriol., **141**, 502—507.
Miyakawa, Y. and Komano, T., 1981. Study on the cell cycle of *Bacillus subtilis* using temperature-sensitive mutants. I. Isolation and genetic analysis of the mutants defective in septum formation. Mol. Gen. Genet., **181**, 207—214.
Nanninga, N., Koppes, L. J. H. and de Vries-Tijssen, F. C., 1979. The cell cycle of *Bacillus subtilis* as studied by electron microscopy. Arch. Microbiol., **123**, 173—181.
Prösch, S., Hecker, M., Mach, H. und Mach, F., 1981. Untersuchungen über die Synthese polyadenylierter RNA in auswachsenden Sporen und vegetativen Zellen von *Bacillus subtilis*. Biol. Zbl., **100**, 407—418.
Schröder, D., Mach, H. und Mach, F., 1977. DNS-Stoffwechsel einer temperatursensitiven Mutante von *Bacillus subtilis SB 19*. Z. Allg. Mikrobiol., **17**, 549—558.
Slater, M. and Schaechter, M., 1974. Control of cell division in bacteria. Bacteriol. Rev., **38**, 199—221.
Smith, G. R., 1981. DNA supercoiling: Another level for regulating gene expression. Cell, **24**, 599—600.
Sugino, A. and Bott, K. F., 1980. *Bacillus subtilis* deoxyribonucleic acid gyrase. J. Bacteriol., **141**, 1331—1339.
Wachlin, G. und Hecker, M., 1982. Aktivierung von Proteinbiosynthesen in auswachsenden Sporen von *Bacillus subtillis*. Z. Allg. Mikrobiol., **22**, 495—502.
Yan, L.-P. and Hitchins, A. D., 1980. Comparative macromolecular composition of filaments and rods of a *Bacillus megaterium* thermoconditional morphological mutant. J. Bacteriol., **144**, 454 to 456.

Anschrift: Dr. S. Prösch
Sektion Biologie der Ernst-Moritz-Arndt-Universität, WB Allgemeine Mikrobiologie
DDR-2200 Greifswald, Jahnstr. 15

Zeitschrift für Allgemeine Mikrobiologie	22	10	1982	717–722

(Akademie der Wissenschaften der DDR, Institut für technische Chemie, Leipzig, Direktor: Prof. Dr. M. RINGPFEIL)

Yield coefficients in dependence on milieu conditions and cell states

III. Induction of synchrony in continuous yeast cell cultivation by milieu changes

E. STICHEL, G. ROGGE, T. BLEY and B. HEINRITZ

(Eingegangen am 15. 3. 1982)

Induction of synchrony by various perturbations in continuous yeast cultivation on hydrocarbons of crude oil is described. Short-time temperature and pH-value shocks cause oscillations of budding cell percentage in the order of the cell cycle duration. An abrupt change of the phosphate ion concentration of the nutritional medium may also induce a synchronization of microbial growth. However, the frequency corresponds with the eigenfrequency of the fermentation process. The experimental values were investigated statistically using autocorrelation and spectral analysis.

Investigations of the synchronization of microbial growth in continuous fermentation processes are important for studying transitional states. Induction of synchrony by changing the milieu conditions was described in several papers (see GOODWIN 1969, v. MEYENBURG 1969, MITCHISON 1971, REGAN *et al.* 1971, KRAMHOFT and ZEUTHEN 1971, ZEUTHEN 1975). The synchronization of microbial growth was realized by changes such as temperature shocks and/or starvation, pH-shocks, or periodic changes of substrate feeding with period lengths in the order of the cell doubling time. These variations of milieu conditions cause periodic processes in the fermentation system.

In our former papers (BLEY *et al.* 1980, HEINRITZ *et al.* 1981) the dependence of specific yield coefficients on milieu conditions and cell states in discontinuous and continuous cultivations of a yeast on various carbon substrates was reported. These results make it possible to increase the efficiency of carbon substrate utilization by synchronized yeast populations. Induction of synchrony in such processes is necessary and possible by alternating short-time perturbations. The search for useful synchronization methods was the aim of this work.

Materials and methods

The yeast strain *Lodderomyces elongisporus* was cultivated as already described (HEINRITZ *et al.* 1981). After the steady state had been reached, it was maintained for about 30 hours before the defined short-time pertubations were started.

The following fermentation parameters were changed:

- Three times repeated increase of temperature from 32 °C to 38 °C by switching off the cooling water pump up to reaching the upper value by heat production of microorganisms (whole period 105 min)
- Three times repeated decrease of pH-value from 4.2 to 2.5 by switching off the lye dosage up to reaching the lower value by microbial metabolic activity (whole period 90 min)
- Three times repeated decrease of dissolved oxygen concentration by an interruption of the air flow for 30 min with a rest of 10 min in each case (whole period 110 min) — not shown
- Increase of the phosphate ion concentration in connection with a limitation change from phosphorus limitation to oxygen limitation (0.6 g H_3PO_4 (85%) to 1.8 g H_3PO_4 (85%) in the nutritional medium)

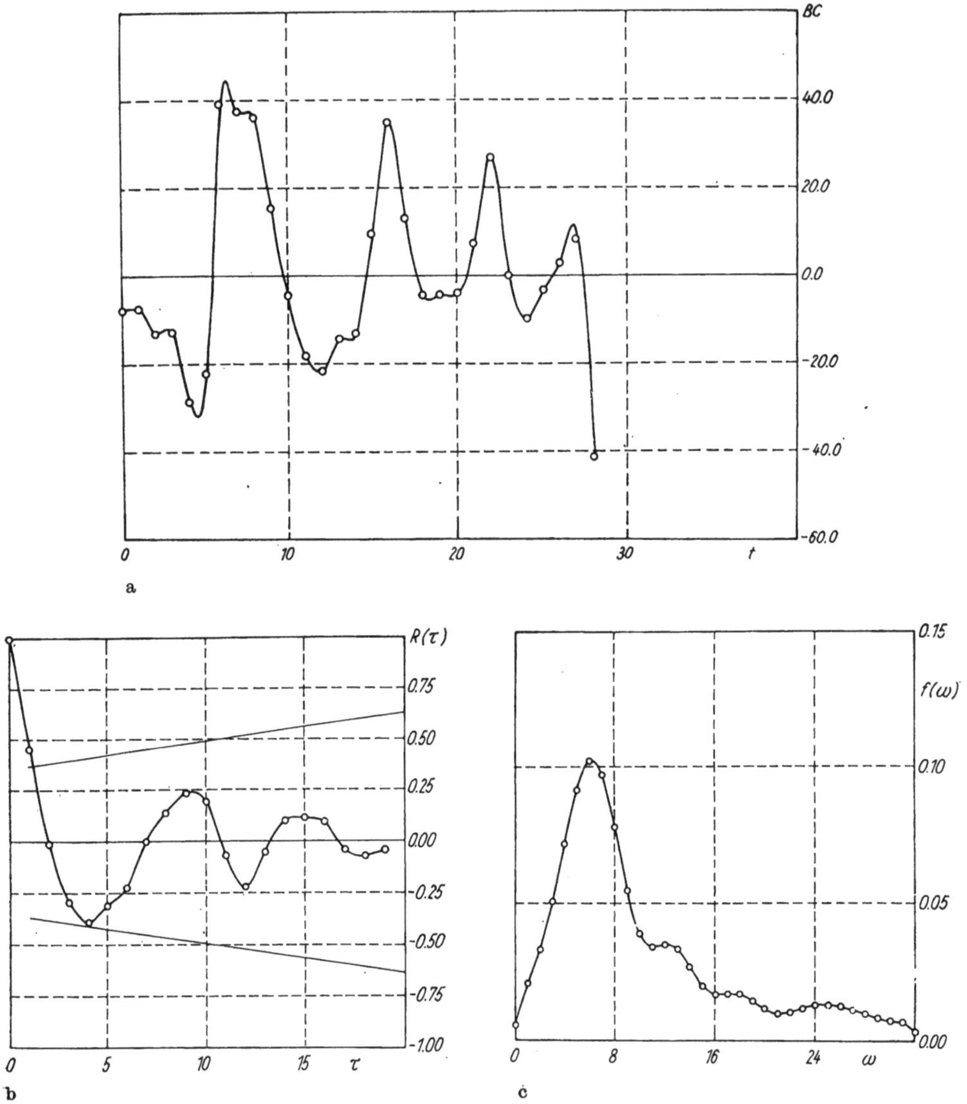

Fig. 1. Repeated short-time increase of temperature from 32 °C to 38 °C
a) Trend-eliminated time series
Ordinate unit: Budding cells [%]
Abscissa unit: Time [15 min]
b) Autocorrelation function
Ordinate unit: Autocorrelation coefficient
Abscissa unit: Displacement [15 min]
c) Power spectrum
Ordinate unit: Real FOURIER coefficients
Abscissa unit: Harmonic [0.057 h^{-1}]

— Change of carbon substrate feeding in a carbon limited process by reduction of the initial crude oil concentration from 20% to 10% — not shown.

The percentage of budding cells of the microbial population was determined microscopically.

The synchronization index was calculated according to the equation of v. MEYENBURG (1969). The known procedures for the calculation of synchronization indices do not yet take into account that the measured values include errors and therefore indices were deduced which are not safe enough statistically.

A powerful method for analysing periodic processes is the autocorrelation and spectral analysis (see JENKINS and WATTS 1969, KREUZBERG *et al.* 1977). This analysis was realized using a computer EC 1040 with graphical data display.

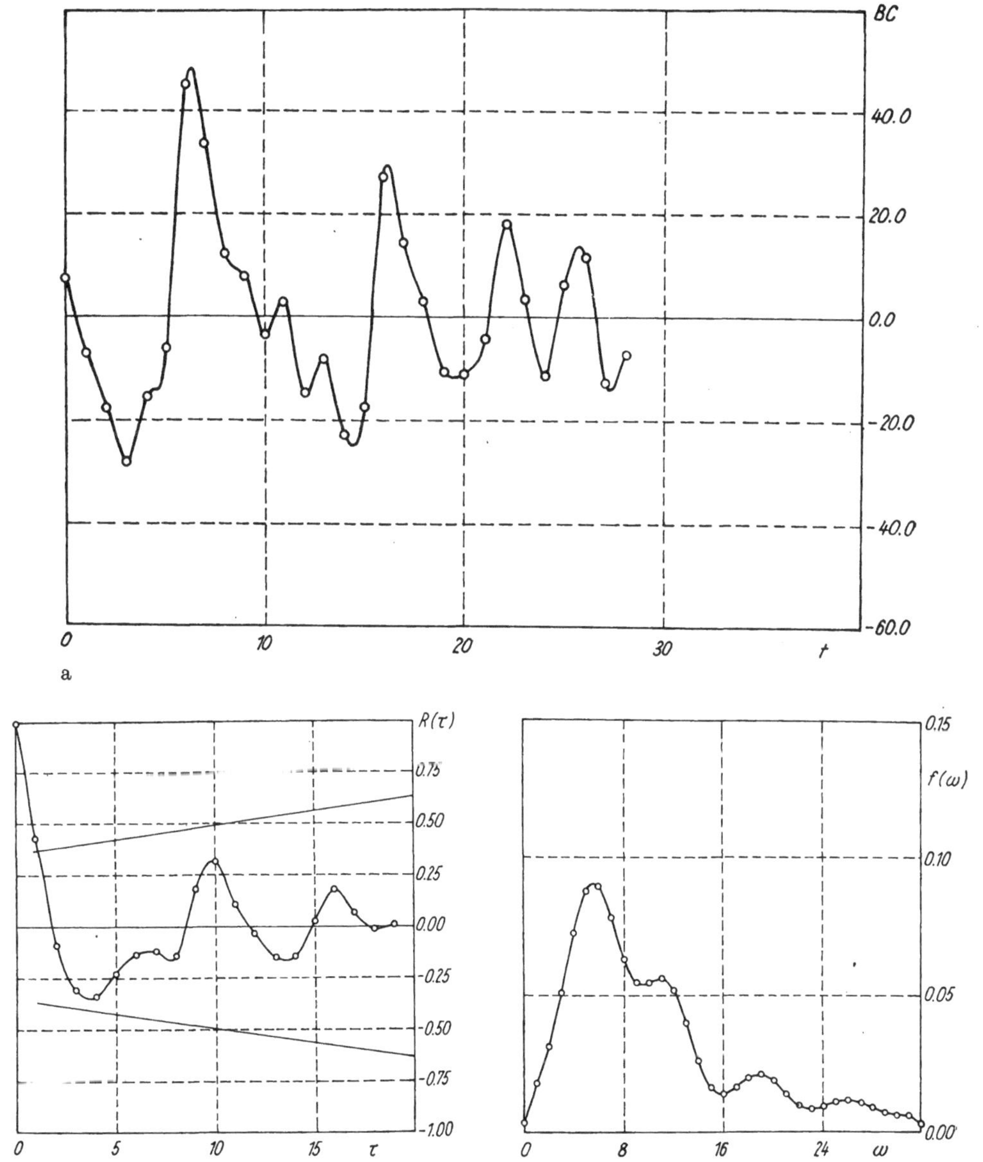

Fig. 2. Repeated short-time decrease of pH-value from 4.2 to 2.5 a), b), c) see Fig. 1

Results and discussion

The aim of the investigations was to discover such synchronization methods which produce high synchronization degrees, influence microbial growth only slightly and which are useful for the control of technical processes. Therefore, the influence of temperature, pH-value and phosphate ion concentration variations on the yeast cell state distribution in continuous hydrocarbon fermentation was studied in detail.

Figs. 1a, 2a, and 3a show the trend-eliminated time series of the experimental

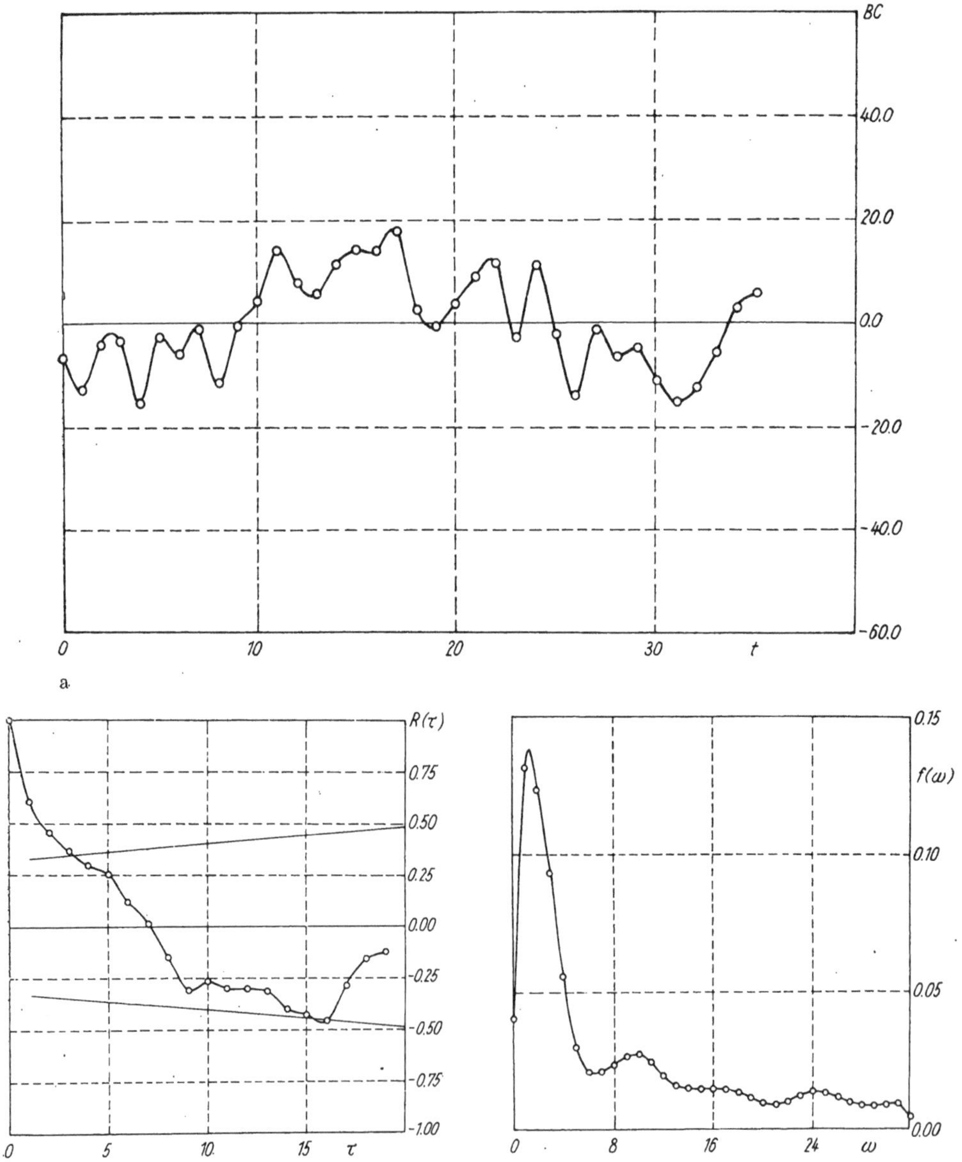

b c

Fig. 3. Increase of phosphate ion concentration in connection with a limitation change from phosphorus limitation to oxygen limitation a), b), c) see Fig. 1

values. The values in these figures correspond to the difference to the regression line of the time series, *i.e.* the deviation from its average course. The interval between the values is 15 min.

Figs. 1b, 2b, and 3b show the autocorrelograms. The calculated values are the autocorrelation coefficients. The graduation of the abscissa corresponds with displacements of 15 min in each case.

In the power spectrums, *i.e.* Figs. 1c, 2c, and 3c, the estimations of the FOURIER coefficients calculated from the autocorrelogram, are represented graphically. The abscissa graduation corresponds to the harmonic ω of whole time series per 64 values. The periodic duration τ[hr] is then: $\tau = 64/4\,\omega$.

The defined short-time pertubations of the continuous fermentation processes cause oscillatory behaviour of the yeast cell state distribution, as shown in Figs. 1 and 2. Three periods with a duration of the first oscillation of 2.5 hours were observed. The synchronization index (s.i.) according to v. MEYENBURG was 0.29. The peak position of the power spectrum corresponds to the duration of the cell cycle. The peak size and the significance test of the deviation in the power spectrum from an equal distribution ensure statistically that synchrony is reached. It was shown that short-time variations of the pH-value and the temperature do not cause a significant decrease of biomass concentration in contrast to long-time pH-value decreases described by LIROVA and DUBOVA (1981).

An abrupt variation of the phosphate ion concentration of the nutritional medium also causes synchronization of microbial growth (Fig. 3). The variation of phosphate ion concentration induces oscillations with a frequency corresponding with the eigenfrequency of the fermentation process. The longer oscillation periods induced by the change of various component concentrations can be interpreted as an interaction of synchronization and flow through the system. In this case the periods do not correspond to the cell cycle duration.

The obtained synchronization degree reached by the action of a nutritional medium, such as a variation of the phosphate ion concentration (s.i. = 0.20) or the substrate concentration (s.i. = 0.19), was smaller than the values induced by alternating short-time pertubations such as pH-value or temperature shocks. This is the case for the air flow interruption too (s.i. = 0.14).

Therefore, synchronization methods using pH-value and temperature shocks are most effective and also practicable for synchronizing of microbial populations in technical processes in order to decrease the specific material consumption coefficients.

Acknowledgements

The authors wish to express their gratitude to Prof. Dr. M. RINGPFEIL for many stimulating discussions. We wish also to thank Mr. M. REMER (ZfI of the Academy of Sciences of the GDR) for his kind support given by solving the computer problems as well as to Miss M. DUMONT, Miss CH. KISSING, and Miss E. KUBLIG for their skilful technical assistance.

References

BLEY, T., HEINRITZ, B., STEUDEL, A., STICHEL, E., GLOMBITZA, F. and BABEL, W., 1980. Yield coefficients in dependence on milieu conditions and cell states. I. Synchronized batch growth of a yeast. Z. Allg. Mikrobiol., **20**, 275—278.

GOODWIN, B. C., 1969. Synchronization of *Escherichia coli* in a chemostat by periodic phosphate feeding. Eur. J. Biochem., **10**, 511—514.

HEINRITZ, B., STICHEL, E., BLEY, T., ROGGE, G. and GLOMBITZA, F., 1981. Yield coefficients in dependence on milieu conditions and cell states. II. Influence of perturbations on continuous cultivation of the yeast *Lodderomyces elongisporus* on hydrocarbons. Z. Allg. Mikrobiol., **21**, 583—588.

JENKINS, G. M. and WATTS, D. G., 1969. Spectral Analysis and its Application. Haldenday San Francisco-Cambridge-London-Amsterdam.

KRAMHOFT, B. and ZEUTHEN, E., 1971. Synchronization of cell divisions in the fission yeast, *Schizosaccharomyces pombe*, using heat shocks. Compt. Rend. Trav. Lab. Carlsberg, **38**, 351—368.

KREUZBERG, K. M., RICHTER, O., MARTIN, E. and BETZ, A., 1977. Statistical analysis of NADH-oscillations in the yeast *Saccharomyces carlsbergensis* fermenting on different sugars. J. Interdiscipl. Cylce Res., **8**, 135—146.

LIROVA, S. A. i DUBOVA, E. A., 1981. Fiziologiceskie osobennosti *Candida utilis* pri soke nizkim znaceniem pH sredy v chemostate i posle vozvrascenija k optimal'nym uslovijam. Mikrobiologija, **50**, 69—73.

v. MEYENBURG, K., 1969. Katabolitrepression und der Sprossungszyklus von *Saccharomyces cerevisiae*. Ph. D. Thesis, ETH Zürich.

MITCHISON, J. M., 1971. The Biology of the Cell Cycle. University Press, Cambridge.

REGAN, D. L., ROPER, G. H. and MOSS, F. J., 1971. Response of continuous cultures to stimuli in glucose feed rate and dilution rate. Biotech. Bioeng., **13**, 815—824.

ZEUTHEN, E., 1975. Studies on the cell cycle. Ohio State Univ. Biosci. Coll., **2**, 243—284.

Mailing address: Dr. BRIGITTE HEINRITZ
Institut für technische Chemie der AdW
DDR-7050 Leipzig, Permoserstr. 15

Zeitschrift für Allgemeine Mikrobiologie	22	10	1982	723–761

Sammelbericht

(Akademie der Wissenschaften der DDR, Forschungszentrum für Molekularbiologie und Medizin, Zentralinstitut für Mikrobiologie und experimentelle Therapie, Jena, Direktor: Prof. Dr. rer. nat. habil. U. TAUBENECK)

Steroidumwandlung mit immobilisierten Mikroorganismen

P. ATRAT

(Eingegangen am 26. 5. 1982)

The application of immobilized microbial cells has been receiving increasing interest, in particular because of their potential for use in industrial fermentation processes and in analytical procedures. Since the first application of an immobilized microbial biocatalyst for steroid transformation in 1970 by MOSBACH and LARSSON many results have been published concerning the use of such type of biocatalyst in steroid biochemistry and steroid microbiology, respectively. The review deals with the present scientific state of the steroid transformations performed with immobilized biocatalysts, their applications and development trends. In particulary the following aspects are discussed: 1(2)-dehydrogenation or hydrogenation, hydroxylation reactions, redox processes in 3,17- and 20-oxogroups, side chain splitting of sterols, 5α-reduction, modification of cholic acid derivatives and the use of immobilized plant cells. The possibility for application of microbial membrane electrodes in steroid analysis has been shown. Up to now, many results of fundamental research are known. There are possibilities for producing expensive steroid derivatives in laboratory apparatures using immobilized biocatalysts. Some of the processes, described here, are of practical interest, and some of them are said to be used industrially, respectively.

1. Einleitung

Seit Ende der sechziger Jahre ist das Interesse am Einsatz von immobilisierten Mikroorganismen für die Stoffwandlung, die Analytik und für die Bearbeitung von Fragestellungen aus der Grundlagenforschung sprunghaft angestiegen. Bereits 1973 erfolgte in dem japanischen Unternehmen TANABE SEIYAKU Co. mit der Produktion von L-Asparaginsäure die erste großtechnische Anwendung von immobilisierten Mikroorganismen. Es ist bekannt, daß für diese Verfahren Reaktoren mit einem Durchsatz von 1,7 Tonnen pro Tag im Einsatz sind (CHIBATA *et al.* 1974). Ebenfalls unter Anwendung von immobilisierten Mikroorganismen entwickelte der gleiche Arbeitskreis Verfahren zur Produktion von Urocansäure (YAMAMOTO *et al.* 1974a), Citrullin (YAMAMOTO *et al.* 1974b) und L-Apfelsäure (YAMAMOTO *et al.* 1976). Bis heute sind inzwischen eine ganze Reihe weiterer erfolgversprechender Anwendungsmöglichkeiten für immobilisierte Mikroorganismen in unterschiedlichsten Gebieten der Biotechnologie wie Abwasserreinigung, alkoholische Gärung, Transformation von Kohlenwasserstoffen und Steroiden, Antibioticaproduktion usw. bekannt geworden. Die Anzahl der Veröffentlichungen ist außerordentlich stark angestiegen. Unter den zahlreichen Übersichten ist vor allem auf die Arbeiten von ABBOTT (1976), JACK und ZAJIC (1977), DURRAND und NAVARRO (1978), BRODELIUS (1978), VENKATASUBRAMANIAN und VIETH (1979), CHIBATA (1978), KLEIN und WAGNER (1978), CHEETHAM (1980) und MESSING (1980) zu verweisen.

Die Anwendung von immobilisierten Mikroorganismen bringt gegenüber den „klassischen“ Fermentationsprinzipien, aber auch gegenüber der Anwendung von freien und immobilisierten Enzymen Vorteile, wenn als Randbedingungen ausreichend hohe spezifische Aktivitäten sowie enzymatische und mechanische Stabilitäten gegeben sind. Die Vorteile bestehen vor allem in der Möglichkeit einer kontinuierlichen Prozeßführung, dem verminderten Fermentationsvolumen und der Vereinfachung des Aufarbeitungsprozesses, in welchem die Biomasse nicht mehr berücksichtigt werden muß. Gegenüber der Anwendung von immobilisierten Enzymen entfallen die kostenintensiven Schritte der Isolierung und der Reinigung des Enzyms. Beide Schritte und die eigentliche Immobilisierung können zudem mit großen Aktivitätsverlusten verbunden sein.

Untersuchungen zum Einsatz von immobilisierten Mikroorganismen für die Transformation von Steroiden werden seit 1974 verstärkt betrieben, obgleich moderne mikrobielle Verfahren für die Herstellung von Steroidpharmaca bzw. zur Herstellung von Zwischenprodukten, die für die Partialsynthese von Steroidpharmaca geeignet sind, existieren (Kieslich 1980a, b, Nominè 1979). Mikrobielle Umwandlungen von hydrophoben Substraten wie Steroiden sind bekanntlich mit einer Reihe von Problemen verbunden, da es sich um Verbindungen handelt, die in wäßrigen Medien unter üblichen Bedingungen außerordentlich schwer löslich sind. Für viele praktische Fermentationen bedeutet dieses nun, daß, über welche Elementarschritte die eigentliche Transformation auch immer vonstatten geht, ein möglichst intensiver Kontakt zwischen den Mikroorganismen und dem nichtgelösten (z. B. amorphen oder mikrokristallinen) Steroidsubstrat gegeben sein muß. Nur in speziellen Fällen findet eine Umwandlung von gelöstem Steroidsubstrat statt (Lösen des Steroids in einer organischen Phase, Anwendung größerer Mengen von Lösungsvermittlern, vor allem Detergenzien und der Einsatz speziell funktionalisierter hydrophiler Steroidderivate). Diese Besonderheiten der mikrobiellen Steroidtransformation sind für eine reale Beurteilung von Möglichkeiten einer praktischen Anwendung von immbobilisierten Mikroorganismen im jeweils konkreten Falle von entscheidender Bedeutung.

Aus heutiger Sicht gehört der 1959 von Wix und Albrecht beschriebene Bioreaktor zur 11α-Hydroxylierung von Progesteron mit Mycel-Pellets von *Rhizopus nigricans* zu den ersten Anwendungen von immobilisierten Mikroorganismen zur Substrattransformation überhaupt.

Die von Mosbach und Larsson (1970) beschriebene Umwandlung der Reichsteinschen Substanz ,,S" in Hydrocortison mit *Curvularia lunata* nach Immobilisierung in Polyacrylamid stellt nicht nur eine erstmalige Steroidtransformation mit echten trägerfixierten Zellen dar, sondern gehört auch allgemein zu den ersten bekanntgewordenen Beispielen für die Anwendung von Polyacrylamid als Polymer-Matrix. In der Folgezeit hat sich dieses Material bis heute als die am meisten benutzte Matrix für die Immobilisierung von ganzen Zellen bewährt.

Das Anliegen dieser Übersicht besteht darin, das bis heute vorliegende umfangreiche Material zur Umwandlung von Steroiden mit immobilisierten Systemen zusammenzustellen, nach Reaktionstypen zu ordnen und allgemein erkennbare Möglichkeiten und Trends zu diskutieren.

2. *Herstellung, Charakterisierung und Anwendung von immobilisierten Biokatalysatoren für die Steroidtransformation*

Immobilisierung

Grundsätzlich sind alle Verfahren, die für die Immobilisierung von Enzymen bzw. mikrobiellen Zellen bekannt geworden sind, auch für steroidtransformierende Systeme anwendbar. Folgende Materialien haben sich bisher als Matrix besonders bewährt:

Polyacrylamid, Calciumalginat, Cellulose und -derivate, Agar, Carrageenan, Collagen, Polyurethane und photovernetzbare Oligomere.

Das Polyacrylamid wurde auch für die Steroidtransformation in den letzten Jahren am meisten als Matrix verwendet. Am gebräuchlichsten sind 5—15%ige Gele mit einem Vernetzunggrad von 5—20%. Als Vernetzer wird fast ausschließlich N,N'-Methylenbisacrylamid verwendet. Üblicherweise werden die Zellen, in denen gewöhnlich bereits während der Anzucht das interessierende Enzymsystem induziert wurde, als Biofeuchtmasse, lyophilisiert oder auch Aceton-getrocknet, in der wäßrigen Monomerenlösung suspendiert und durch Zusatz von Ammoniumpersulfat und N,N, N',N'-Tetramethyläthylendiamin unter Kühlung zur Polymerisation gebracht. Gewöhnlich erfolgt die Polymerisation in einem dünnen Film bzw. in kleinen Volumina. Das erhaltene Gel wird mechanisch zerkleinert, sorgfältig gewaschen und zum Einsatz gebracht.

Der Biomassegehalt des Polymergels liegt zwischen 5 und 20% (w/v). Es ist bekannt, daß die Anwendung von Polyacrylamid durch die Toxizität der Monomeren, insbesondere bei höheren Konzentrationen, durch die freiwerdende Polymerisationswärme, durch die freien Radikale und durch die Beeinträchtigung der Polymerisationsreaktion bei Biomassekonzentrationen oberhalb 20%, Probleme mit sich bringt (Vdovina *et al.* 1980, Ohlson *et al.* 1980). Aus diesem Grunde wurden in den letzten Jahren für die Immobilisierung empfindlicher Systeme (hydroxylierende Enzymkomplexe und andere Multienzymsysteme, Immobilisierung von Sporen und Pflanzenzellen) zunehmend solche Materialien wie Alginate und Carrageenane verwendet (Tosa *et al.* 1979, Brodelius *et al.* 1979, Nilson u. Mosbach 1980). Darüber hinaus gibt es inzwischen vielfältige Ansätze zur gezielten Beeinflussung der chemischen und mechanischen Stabilität dieser Trägermaterialien (Tosa *et al.* 1979, Cheetham *et al.* 1979, Cheetham 1979). Alginate und Carrageenane sind leicht zugängliche, billige Materialien und erlauben eine außerordentlich schonende Fixierung.

Im Falle des Alginateinschlusses wird das biologische Material in einer 2—3%igen Na- oder NH_4^+-Alginatlösung fein verteilt (der Biomassegehalt kann höher als im Falle des Polyacrylamideinschlusses eingestellt werden) und in eine 0,1 M $CaCl_2$-Lösung eingetropft. Die Perlengröße kann so eingestellt werden, daß ein direkter Einsatz des Gels in der Fermentation ohne weitere mechanische Zerkleinerung möglich ist. Erfolgt nachträglich keine Fixierung des Gels mit Glutardialdehyd und Hexamethylendiamin (was allerdings zu einer Verminderung der Enzymausbeute führen würde), muß dann die Substratwandlung in Gegenwart von Ca^{2+}-Ionen (0,01—0,05 M) durchgeführt werden.

Im Falle des Einschlusses in ϰ-Carrageenan wird eine etwa 2—3,5%ige ϰ-Carrageenanlösung auf 40 °C abgekühlt, schnell mit der Biomassesuspension vermischt und bei 10 °C in Gegenwart von z. B. 0,3 M KCl zur Gelbildung gebracht.

Es ist bekannt, daß die Polymermatrix bei der Transformation hydrophober Substrate, wie es die Steroide darstellen, einen entscheidenden Einfluß ausüben kann. Hierbei kommt insbesondere die Hydrophobizität der Matrix zum Tragen. So sind in den letzten Jahren im Arbeitskreis um S. Fukui (Japan) Polymere mit abgestuften Hydrophobizitäten auf der Grundlage photovernetzbarer Oligomeren mit Acrylfunktionen bzw. von Urethan-Prepolymeren entwickelt worden (Fukui *et al.* 1976, Tanaka *et al.* 1977). Diese Strukturen haben sich insbesondere bei der Anwendung in Gegenwart von organischen, mit Wasser nicht mischbaren Lösungsmitteln (s. Abschnitte 4 und 5) bewährt (Fukui u. Tanaka 1981).

Die Hydrophobizität der genannten Systeme wird im wesentlichen durch die Variation des Polyäthylenoxid/Polypropylenoxid-Gehaltes der Kernstrukturen in den Oligomeren eingestellt. In Abbildung 1 sind hierfür einige Strukturbeispiele angeführt (vgl. Omata *et al.* 1979).

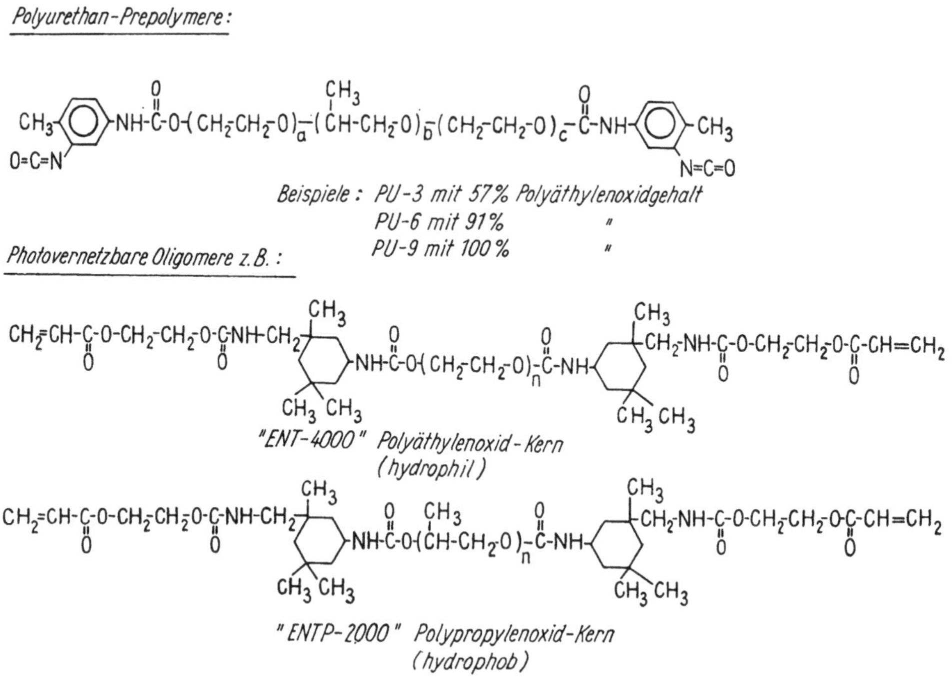

Abb. 1. Polyurethan-Prepolymere und photovernetzbare Oligomere mit Acrylfunktionen für die Herstellung von Polymergelen mit definierten Hydrophobizitäten (OMATA *et al.* 1979)

Durch Mischen von „ENT-4000“ mit „ENT-2000“ bzw. durch Kombination unterschiedlicher PU-Prepolymeren sind nun Polymerträger mit definierten Hydrophobizitäten zugänglich. Die Anwendung der PU-Prepolymeren hat sich als besonders vorteilhaft erwiesen. Die wäßrige Biomassesuspension wird in die Oligomerenschmelze eingerührt, wobei die Vernetzung schnell ohne weitere Zusätze, allein durch die Anwesenheit von Wasser erfolgt. Nach dieser schonenden Einschlußmethode ist bei ausreichender mechanischer Stabilität der Matrix der Verlust an Enzymaktivität sehr niedrig.

Hydrophile Polyurethane wurden kürzlich auch von KLEIN und KLUGE (1981) für die Immobilisierung von *E. coli* zur Umwandlung von Penicillin G in 6-Aminopenicillansäure verwendet. Die Anwendung von Collagen, Cellulose und deren Derivate erreicht für die Steroidtransformation bei weitem nicht die Bedeutung der obengenannten Materialien. Auf weitere Trägermaterialien, die z. Z. rein wissenschaftliches Interesse besitzen, wird in den folgenden Abschnitten hingewiesen.

Aktivierung der Matrix

Bekanntlich gibt es eine Reihe Ansatzpunkte, um die Aktivität der immobilisierten Zellen bzw. des Biokatalysators im ganzen durch eine gezielte Behandlung zu erhöhen. Am häufigsten erfolgt eine Inkubation des Biokatalysators, unmittelbar nach seiner Herstellung bzw. nachdem die Enzymaktivität in der Prozeßführung nachgelassen hat, mit einem geeigneten Nährmedium (KENNEDY *et al.* 1976, KIERSTAN u. BUCKE 1977). Eine Übersicht geben hierzu OHLSON *et al.* (1979). Eine derartige Behandlung bewirkt im Innern der Matrix bzw. auf deren Oberfläche eine Vermehrung der Zellen und damit eine Erhöhung der spezifischen Aktivität. Das Verfahren setzt allerdings eine Polymermatrix voraus, die die Lebensfähigkeit der Zellen nach dem Einschluß erhält, was beispielsweise bei Agar, Alginaten, Carrageenanen und bei der Adsorption an bestimmte feste Materialien gegeben ist. Unter derartigen Bedingungen ist es beispielsweise auch möglich, immobilisierte Sporen in der Matrix zum Keimen zu bringen, was zu einem „matrixgewachsenen" Mycel mit hoher Enzymaktivität führt (Ohlson *et al.* 1980).

Üblicherweise werden diese Aktivierungen in Gegenwart geeigneter Steroide als Enzyminduktoren durchgeführt.

Eine Abwandlung des Verfahrens besteht darin, daß bereits die Immobilisierung in Gegenwart von Nährmedium vorgenommen wird, wobei gleichzeitig die toxische Wirkung der Monomeren vermindert wird.

Weitere Möglichkeiten zur Aktivierung der Matrix bestehen in der Behandlung mit Detergenzien (Buchar *et al.* 1980), der kurzzeitigen Behandlung mit organischen Lösungsmitteln wie Chloroform (Gulaja *et al.* 1975) oder Methanol bzw. Butanol (Ohlson *et al.* 1978) und der Einwirkung von Antibiotica wie z. B. Chloramphenicol (Skrjabin *et al.* 1979).

Charakterisierung der Matrix

Im Hinblick auf eine Anwendung der immobilisierten Zellen ist der Biokatalysator nach spezifischer Aktivität (Transformationskapazität), Stabilität der Enzymaktivität und nach den Verteilungskoeffizienten für Substrat und Produkt zu charakterisieren. Die spezifische Aktivität wird in der Literatur unterschiedlich angegeben:

µM Substrat/g Matrix × h;
(wobei für die Matrix sowohl die Trockenmasse (MTrM) als auch die Feuchtmasse (MFM) verwendet wird)
µM Substrat/g immob. Biofeuchtmasse (BFM) × h;
µM Substrat/g immob. Biotrockenmasse (BTrM) × h;
µM Substrat/mg immob. Protein × h.

Damit wird ein Vergleich unterschiedlicher Biokatalysatoren aus der Literatur nur bedingt bzw. überhaupt nicht möglich. Die Bestimmung der immobilisierten Biomasse ist im Falle der Alginat-, Carrageenan- und Agar-Gele oder ähnlicher Materialien nach Solubilisierung der Matrix sehr leicht möglich (Ohlson *et al.* 1979). Für kovalent vernetzte Polymergele, wie es das Polyacrylamid ist, wird eine nachträgliche Bestimmung der immobilisierten Biomasse nur noch bedingt möglich (Freeman *et al.* 1982).

Die spezifische Aktivität (als µM Substrat/mg immob. Protein × h) ist sowohl zum Biomassegehalt als auch zur Partikelgröße umgekehrt proportional. Daher macht sich im Hinblick auf eine Anwendung des Biokatalysators eine entsprechende Optimierung erforderlich (Wiersma *et al.* 1981). Da die Hydrophobizität der Matrix entscheidenden Einfluß auf das Adsorptionsverhalten der Steroide ausübt, ist die Kenntnis der Verteilungskoeffizienten von Substrat und Produkt erforderlich (Omata *et al.* 1979). Nach Bunting und Laidler (1972) läßt sich der Verteilungskoeffizient (P) wie folgt angeben:

$$P = \left(\frac{C_0 - C}{C}\right)\left(\frac{V}{V_0 - V}\right)$$

C_0 = Gesamtkonzentration des Steroids
C = Konzentration im Gel
V_0 = Gesamtvolumen
V = Gelvolumen

OMATA *et al.* (1979) haben gezeigt, daß, insbesondere bei der Anwendung des Biokatalysators in organischen Lösungsmitteln, *P* in direktem Verhältnis zur Transformationsaktivität steht. In diesem Zusammenhang wird die Matrix als „Substratreservoir" diskutiert.

Zur elektronenmikroskopischen Charakterisierung des Biokatalysators, insbesondere im Hinblick auf die Beschreibung des physiologischen Zustandes der immobilisierten steroidtransformierenden Mikroorganismen, sei auf die Arbeiten von KOSCHTSCHEJENKO *et al.* (1981) verwiesen.

Einsatz der immobilisierten Zellen

Für die ersten Untersuchungen, insbesondere zur Charakterisierung der Matrix, ist zunächst der Einsatz im Schüttelkolben (500 ml), wie er auch für Fermentationen mit freien Kulturen zur Anwendung kommt, ausreichend. Systeme mit genügender Stabilität sind unter Laborbedingungen in allen für die Handhabung von immobilisierten Enzymen und Zellen beschriebenen Reaktortypen (CHIBATA 1978) anwendbar, wobei allerdings bei hohen Steroidkonzentrationen die gepackten Säulen wegen der Unlöslichkeit des Substrates ausscheiden. Der Einsatz der Biokatalysatoren kann sowohl in Puffer als auch in Nährmedien erfolgen. Technische Möglichkeiten zur Abtrennung der Steroidkristalle von der Matrix nach beendeter Fermentation haben WIERSMA *et al.* (1981) mit Hilfe von Siebplatten definierter Größe aufgezeigt.

Eintragen des Steroidsubstrates

Wegen der extrem geringen Wasserlöslichkeit der Steroide kommt der Art und Weise des Eintragens in das Fermentationsmedium eine besondere Bedeutung zu. Nur in seltenen Fällen werden gesättigte Lösungen in Puffer, die in geringen Mengen Lösungsmittel z. B. 5% Methanol oder 2,5% Äthanol enthalten (BUCHAR *et al.* 1980), verwendet, da die erzielbaren Konzentrationen sehr niedrig sind. Durch die Anwendung hydrophiler Steroidderivate können echte Lösungen des Substrates in wäßrigen Systemen auch in Konzentrationen über 1 g/l transformiert werden (ATRAT *et al.* 1981a, b). In der Regel kommt jedoch das Substrat in fein verteilter Form zum Einsatz. Dieses geschieht am häufigsten dadurch, daß es aus Lösungen in Äthanol, Aceton, Dimethylformamid, Dimethylsulfoxid usw. direkt in den Fermentationsansatz eingetragen wird und zwar meist in Gegenwart nichtionischer Tenside vom Tween- oder Spantyp. Sollen hohe Steroidkonzentrationen umgewandelt werden, wird das Substrat im mikronisierten Zustand (LARSSON *et al.* 1976) naßgemahlen (WEAVER *et al.* 1960) oder nach einer „Vorfällung" in Gegenwart höherer Tensidkonzentrationen (KONDO u. MASUO 1961) zur Anwendung gebracht.

Der Einsatz von immobilisierten Zellen zur Steroidtransformation in organischen Lösungsmitteln im Sinne einer Zweiphasenfermentation ist in Ausnahmefällen möglich. Die Konzentration und die Bioverfügbarkeit des Steroidsubstrates lassen sich über diesen Weg stark erhöhen (vgl. Abschnitte 4 und 5).

11-Hydroxylierung

Mikrobielle Hydroxylierungsreaktionen in Position 11 sind für die Synthese von Glukokortikosteroiden von großer praktischer Bedeutung. Während eine ganze Reihe von Mikroorganismen mit ausreichender 11α- bzw. 11β-Hydroxylaseaktivität zur Verfügung stehen (Kieslich 1980a, b, Nominè 1980, Hanisch *et al.* 1980a, b, Weaver *et al.* 1960, Weaver 1962, Lee *et al.* 1970), gibt es bis heute verhältnismäßig wenige Angaben über die Enzymkomplexe selbst (Hayano 1962, Zuidweg *et al.* 1962, Breskvar u Hudnik-Plevnik 1977, Hanisch u. Dunill 1980b, Ghosh u. Samata 1982). Es konnte nachgewiesen werden, daß es sich bei den 11α-Hydroxylasen aus *Rhizopus nigricans* und *Aspergillus ochraceus* um Cytochrom-P-450-Systeme handelt. Vergleichbare Angaben zur 11β-Hydroxylase, beispielsweise aus *Curvularia lunata* bzw. *Tieghemella orchidis*, liegen bis heute nicht vor.

Die 11-Hydroxylasen sind allgemein als sehr empfindliche Systeme bekannt, die sich nur sehr schwer von anderen Hydroxylasen, wie z. B. der 6β-Hydroxylase, abtrennen lassen. Möglichkeiten zum Einsatz von immobilisierten Mikroorganismen für die 11-Hydroxylierung von Steroiden sind in Tabelle 1 zusammengestellt. Werden „trägerfreie immobilisierte" Systeme (vgl. Durand u. Navarro 1978) in die Betrachtung mit einbezogen, dann ist die bereits erwähnte 11α-Hydroxylierung von Progesteron mit Mycelpellets von *Rhizopus nigricans* (Wix u. Albrecht 1959) von Interesse. Der Prozeß wurde für einen belüfteten Säulenreaktor beschrieben, wobei nach Versetzen mit einem Substratüberschuß Nährmedium bzw. Puffer kontinuierlich zugeführt wurden. Die Autoren geben eine Substratkonzentration von 1,1 g/l bei einer Ausbeute von 60—70% an 11α-Hydroxyverbindung an. Als Nebenprodukte entstehen die 6β-Hydroxy- bzw. die 11α, 6β-Dihydroxyverbindungen.

In Abschnitt 1 wurde bereits darauf verwiesen, daß Mosbach und Larsson (1970) erstmals auf dem Steroidgebiet eine 11β-Hydroxylierung (Reichstein „S" → Hydrocortison) mit *Curvularia lunata*, immobilisiert in Polyacrylamid, durchführten (Abb. 2). Eine Nachbehandlung des Immobilisates mit Medium und Substrat führten zum Wachstum des Mycels auf der Matrix und zu einer Erhöhung der Enzymaktivität auf 300% (s. Tab. 1) (Mosbach u. Larsson 1970). Ein Vergleich der Transformationseffektivität von immobilisiertem Mycel und der immobilisierten 11β-Hydroxylase war wegen der extremen Labilität des Enzyms bisher nicht möglich (Zuidweg *et al.* 1962).

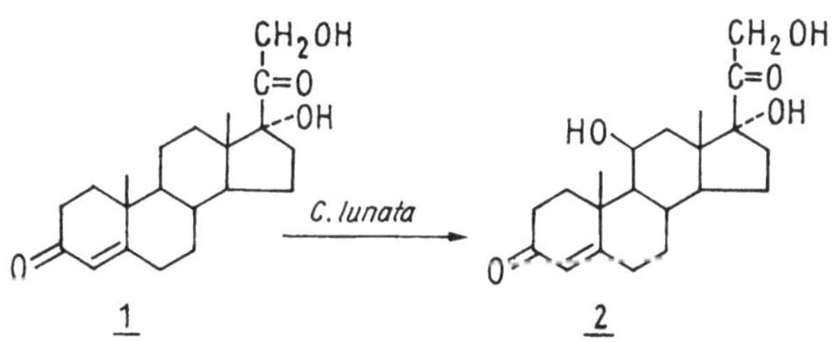

Abb. 2. 11β-Hydroxylierung von Pregna-4en-17,21-diol-3,20-dion (Reichstein „S") 1 zu Pregna-4en-11β,17,21-triol-3,20-dion (Hydrocortison, Cortisol) 2 mit immobilisierten Zellen von *C. lunata* (Mosbach u. Larsson 1970)

Skrjabin *et al.* (1974) immobilisierten ein Mycel von *Tieghemella orchidis* ebenfalls in Polyacrylamid und stellten vertiefte biochemische und elektronenmikroskopische Untersuchungen an. Als Substrat setzten die Autoren Cortexolon-21-Acetat ein. Der starke Aktivitätsverlust nach Immobilisierung (so beträgt die 11β-Hydroxylaseaktivität des Gels im Vergleich zum freien Mycel maximal 20%) wurde auf die Toxizität der Monomeren zurückgeführt. Die Abnahme der 11α-Hydroxylaseaktivität zugunsten des 11β-Produktes sowie die Zunahme des Steroidskelettabbaues bei wiederholtem Einsatz der Matrix sind auffällige Unterschiede zur freien Kultur. Als optimale Matrix erwies sich ein 10%iges Polyacrylamid (5—20% vernetzt), welches 2% Biomasse (bezogen auf Trockenmycel) enthält. Wegen des Sauerstoffbedarfes der Reaktion

Tabelle 1

11-Hydroxylierung von Steroiden mit immobilisierten Mikroorganismen

Mikroorganismus	Substrat	Matrix	Substratkonz. (g/l)	Spez. Aktivität	Bemerkungen	Autoren
Rhizopus nigricans	Progesteron	(Myycel-pellets)	1,1		**11α-Hydroxylierung** (6β-Hydroxylierung)	Wix und Albrecht (1959)
		Agar, Ca- Alginat	2,0	15 mg/g(BTrM) · h	11α-Hydroxylierung PAA ungeeignet; 0,02% Tween 80; 45% der Akt. nach Immob.; 3—5 Batch Zyklen möglich	Maddox *et al.* (1981)
Curvularia lunata	Reichstein „S“	PAA (9%, 5,5% vern.)	0,1—0,3	0,15 µM/g(MFM) · h	**11β-Hxdroxy-lieruug**	
				0,5 µM/g(MFM) · h nach Med umbehandlung	0,02% Tween 80; Aktivierung durch Nährmedium	Mosbach und Larsson (1970) Larsson und Mosbach (1976)
		Ca-Alginat	0,03		Sporen immob. Aktiv., d. Matrix nach Auskeimen; 1% DMSO bzw. 1% Tween 80; PAA ungeeignet	Ohlson *et al.* (1980)
		PU, Agar, ENT-4000, Ca-Alginat, ϰ-Carrageenan	1,0	0,3 µM/g(MFM) · h	Sporen immob. Auskeimen in der Matrix; 2,5% DMSO, Tween 80 (0,07%)	Sonomoto *et al.* (1981)

Fortsetzung Tab. 1

Tieghemella orchidis	Reichstein „S" (21-Acetat)	PAA (10%, 5—20% vern.)			**11α/11β-Hydroxylierung** (Entacethylierung)	Skrjabin *et al.* (1974)
		PAA	1,0 (2,5% Äthanol)		Aktivierung durch Tween 20—80; Span 20, 80; PEG-400-Distearat PEG-600-Monolaureat	Buchar *et al.* (1980)
		PAA	1,0 (2,5% Äthanol)		Einfluß von T, Partikelgröße, Polymerisationsbedingungen	Vdovina *et al.* (1980)
Aspergillus phoenicis	Progesteron	Ca-Alginat, ϰ-Carrageenan Polyurethan (PU3)	0,2		**11α-Hydroxylierung** (Nebenprod.: 6β-, 15βOH-Verb.)	Ergan *et al.* (1981) Kim (1981)
		Albumin (vern.) Gelatine (vern.)				Kim *et al.* (1982)

sind die Transformationen nur in gutbelüfteten Batch-Reaktoren durchführbar. BUCHAR *et al.* (1980) untersuchten den Einfluß von oberflächenaktiven Verbindungen auf die Hydroxylaseaktivität von *T. orchidis* im freien und immobilisierten Zustand. Nichtionische Detergenzien vom Typ Tween 20, 40, 80 und Span 20, 80 bewirken nach Zusatz in einer Konzentration von 1% in beiden Fällen eine deutliche Stimulierung. Der gleiche Arbeitskreis (VDOVINA *et al.* 1980) optimierte den Einschluß des Mycels in Polyacrylamid durch die Einstellung entsprechender Kombinationen von Polymerisationszeit und Polymerisationstemperatur. Derartige optimale Kombinationen sind beispielsweise 10 °C/2—3 min bzw. 4 °C/7—14 min.

Um die Toxizität von Acrylamid zu umgehen, versuchten OHLSON *et al.* (1980) einen neuen Weg zu beschreiten, indem sie nicht das Mycel von *C. lunata*, sondern dessen Sporen in Ca-Alginat immobilisierten (PAA erwies sich auch für die Sporen als außerordentlich toxisch) und das Gel anschließend 24—72 h zum Auskeimen brachten. Der so erhaltene Biokatalysator wies im Vergleich zum freien Mycel eine Aktivität von 55% auf. Außerdem konnte eine merkliche Temperaturbeständigkeit festgestellt werden. Während beim immobilisierten Mycel bei 4—20 °C bereits nach wenigen Tagen eine nahezu vollständige Inaktivierung eintritt, sind immobilisierte Sporen mehr als 4 Monate stabil.

In der Arbeitsgruppe von S. FUKUI wurden kürzlich für die Immobilisierung der Sporen von *C. lunata* neben Agar, Ca-Alginat und $\varkappa$-Carrageenan auch photovernetzbare Prepolymeren z. B. des Typs ENT-4000 und Polyurethanprepolymere des Typs PU-3 und PU-6 verwendet (s. Abschnitte 2, 4 und 5; SONOMOTO *et al.* 1981). Nach dem Auskeimen der Sporen zeigten die genannten Träger unterschiedliche Mycelstrukturen. Der auf der Grundlage von ENT-4000 hergestellte Biokatalysator zeigte die gleiche spezifische Aktivität wie das freie Mycel. In drei Batch-Zyklen zu je 48 h blieb die Aktivität sogar ohne Zusatz von Nährmedium konstant, während die des freien Mycels bereits auf 11% abgesunken war. Zur Immobilisierung von *Rhizopus nigricans* für eine 11α-Hydroxylierung des Progesterons erwies sich das Polyacrylamid ebenfalls als ungeeignet (MADDOX *et al.* 1981). Die Verwendung von Agar bzw. Ca-Alginat führte zwar zu Gelen mit einer 45%igen Enzymausbeute, aber bereits nach 3—5 Batchzyklen war die Aktivität praktisch auf Null abgefallen. Eine befriedigende Erklärung für die schnelle Abnahme der 11α-Hydroxylaseaktivität nach Immobilisierung steht noch aus. KIM (1981) und ERGAN *et al.* (1982) verwendeten zur Immobilisierung von *Aspergillus phoenicis* neben Ca-Alginat auch $\varkappa$-Carrageenan, Polyurethane und Glutardialdehyd-vernetzte Albumin- bzw. Gelatine-Präparate. Das Substrat Progesteron läßt sich unter diesen Bedingungen in die 11α-Hydroxyverbindung überführen, wobei als Nebenprodukte hier die 6β- und die 15β-Hydroxyverbindungen gefunden wurden.

Bei allen bisher bekannt gewordenen Beispielen für die 11-Hydroxylierung von Steroiden mit immobilisierten Mikroorganismen liegt die Substratkonzentration nicht über 1 g/l. Vergleichsweise liegen diese bei der 11α-Hydroxylierung von Progesteron mit *Aspergillus ocraceus* unter üblichen Fermentationsbedingungen bei 50 g/l (WEAVER *et al.* 1960). Einer technischen Anwendung von immobilisierten Systemen zur 11-Hydroxylierung von Steroiden stehen daher z. Z. neben der geringen Durchsatzrate noch die geringen Enzymstabilitäten entgegen.

4. 1(2)-Dehydrierung von 4-En-3-oxosteroiden

Die 1(2)-Dehydrierung von 4-En-3-oxosteroiden gehört zu den wichtigsten mikrobiellen Steroidtransformationen und ist beispielsweise als einer der letzten Schritte Bestandteil der Partialsynthese von Glukokortikosteroiden. In Abbildung 3 wird dieses am Beispiel der Überführung von Cortisol in Prednisolon demonstriert.

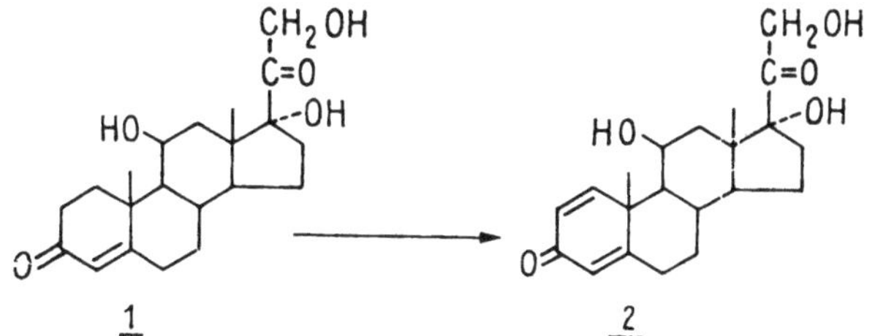

Abb. 3. Überführung von Hydrocortison **1** in Prednisolon **2** durch mikrobielle 1(2)-Dehydrierung

Die 1(2)-Dehydrierung nimmt ferner in vielen weiteren Verfahren zur mikrobiellen Transformation von Steroiden die Funktion eines Schlüsselprozesses ein, da gemeinsam mit einem Hydroxylierungsschritt in Position 9α der Abbau des Steroidringskelettes als unerwünschte Nebenreaktion eingeleitet wird. In Abbildung 4 sind hierzu die wichtigsten Elementarschritte zusammengefaßt (DODSON u. MUIR 1958, SCHUBERT *et al.* 1961, SHAW *et al.* 1965).

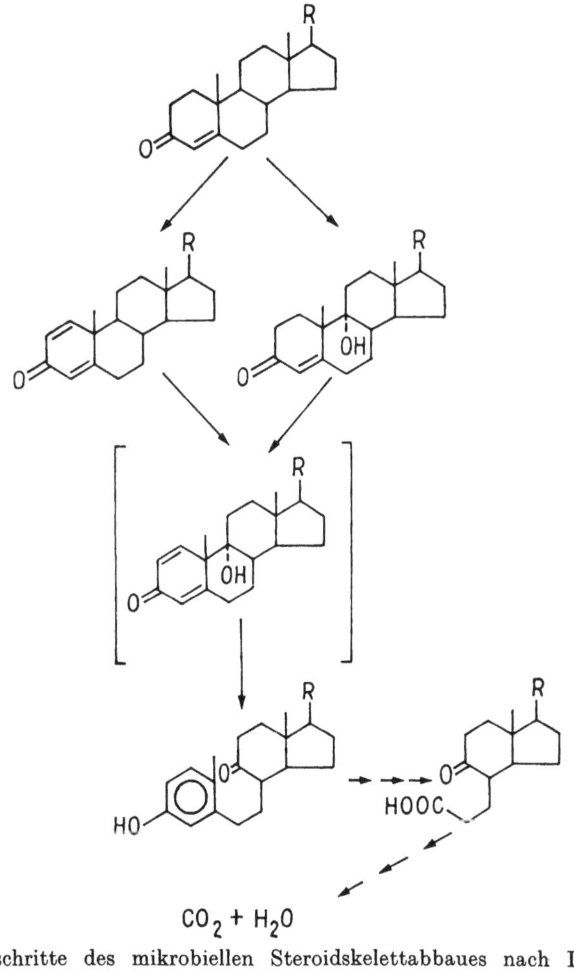

Abb. 4. Elementarschritte des mikrobiellen Steroidskelettabbaues nach DODSON und MUIR (1958), SCHUBERT *et al.* (1961) und SHAW *et al.* (1965)

Auf Grund dieser großen Bedeutung war und ist das Enzym, die 4-En-3-oxosteroid: (Akzeptor)-1(2)en-oxidoreduktase (EC 1.3.99.4), im folgenden als Steroid-1-Dehydrogenase bezeichnet, Gegenstand intensiver Untersuchungen: Levy und Talalay (1959), Hayano *et al.* (1961 1963), Sih und Benett (1962), Penasse und Peyre (1968). Kürzlich berichteten Wovcha *et al.* (1979) über die Existenz zweier Steroid-1-Dehydrogenasen in *Mycobacterium fortuitum*, die sich in bezug auf Substratspezifität und Solubilisierbarkeit unterscheiden.

Die Steroid-1-Dehydrogenase aus *Nocardia opaca* ist ein FAD-abhängiges Enzym mit einem Molekulargewicht von 40000 und einem isoelektrischen Punkt von 4,7, welches wir mit Hilfe der Affinitätschromatographie hoch reinigen konnten (Deppmeyer 1982, Lestrovaja *et al.* 1978). An derartigen Präparaten konnten wir ferner die Reversibilität der Enzymreaktion nachweisen (Groh *et al.* 1979).

Abul-Hajj (1978) isolierte aus *Nocardia spec.* Vitamin $K_{(2)}35$ als den natürlichen Elektronenakzeptor der Steroid-1-Dehydrogenase und postulierte die in Abbildung 5 dargestellte Redoxkette. Bei der Herstellung von Enzymextrakten aus geeigneten Mikroorganismenspezies bleibt diese Redoxkette nicht erhalten, und es müssen artifizielle Elektronenakzeptoren, wie Phenazinmethosulfat (PMS), Dichlorphenolindophenol (DPIP), Menadion (MD) u. a. Substanzen zugesetzt werden (Levy u. Talalay 1959, Stefanovič *et al.* 1963, Yang u. Studebaker 1978, Mosbach u. Larsson 1970, Sonomoto *et al.* 1979). Die Konzentrationen liegen dann üblicherweise im Bereich der K_M-Werte, was im Falle von Phenazinmethosulfat eine Konzentration von 0,68 mM bedeutet.

Das Redoxschema vereinfacht sich dann entsprechend Abbildung 6.

Unter den Steroidtransformationen, die bisher mit immobilisierten Mikroorganismen durchgeführt wurden, ist die 1(2)-Dehydrierung von 4-En-3-oxosteroiden mit Abstand am intensivsten bearbeitet worden. Zu nennen sind hier vor allem die Arbeitsgruppen um Mosbach (Schweden), Fukui (Japan) und Koschtschejenko (UdSSR). Das bisher bekanntgewordene Material ist in Tabelle 2 zusammengestellt. Danach existieren Biokatalysatoren, die bis zu 36 d stabil sind und mikrokristalline

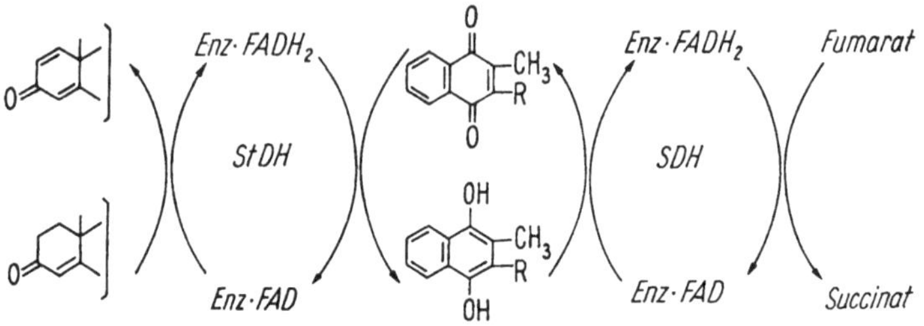

Abb. 5. Natürliche Redoxkette der mikrobiellen 1(2)-Dehydrierung von 4-En-3-oxosteroiden nach Abul-Hajj (1978). StDH — Steroid-1-Dehydrogenase, SDH — Succinat-Dehydrogenase

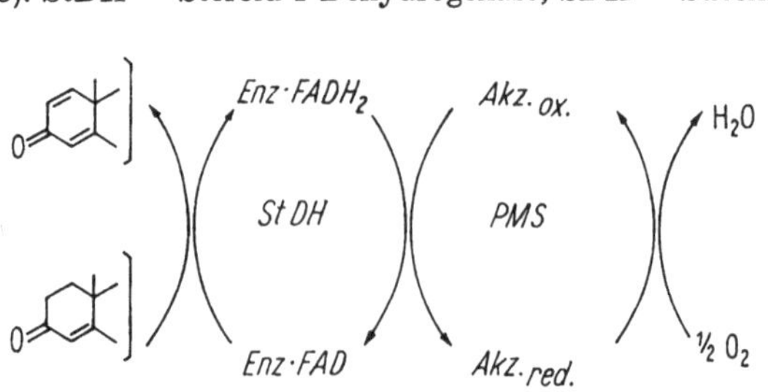

Abb. 6. Die Steroid-1-Dehydrierung in Gegenwart des artifiziellen Elektronenakzeptors Phenazinmethosulfat (PMS)

Substrate bis zu einer Konzentration von 50 g/l transformieren können, unabhängig davon, ob die Matrix intakte, lebende oder tote Zellen enthält. Im letzteren Falle muß dann die Transformation in Gegenwart der genannten artifiziellen Elektronenakzeptoren wie Phenazinmethosulfat bzw. Menadion erfolgen. Die hohe Substratkonzentration (mit freien Zellen können sogar bis zu 500 g/l Cortisol umgesetzt werden, KONDO u. MASUO 1961) ist mehr von theoretischem als praktischem Interesse, da hierbei Substrat/Produkt-Mischkristalle entstehen, die technisch außerordentlich schwierig zu trennen sind. So liegen ökonomisch günstige Substratkonzentrationen unter 5 g/l. Die von KOSCHTSCHEJENKO *et al.* (1976) hergestellten Immobilisate wiesen eine Lagerfähigkeit von mehr als 12 Monaten auf, womit sich gute Ansatzpunkte für eine praktische Anwendung in kontinuierlichen Reaktoren ergeben.

Mit ausgewählten Detergenzien bzw. Antibiotica (SKRJABIN *et al.* 1979) oder organischen Lösungsmitteln, wie Alkoholen (OHLSON *et al.* 1978) lassen sich Substratverfügbarkeit und Enzymaktivität positiv beeinflussen. Der Arbeitskreis um KOSCHTSCHEJENKO und SKRJABIN untersuchte die Komplexität der bei der mikrobiellen Transformation von Cortisol (acetat) ablaufenden Redoxprozesse: 1(2)-Dehydrierung/

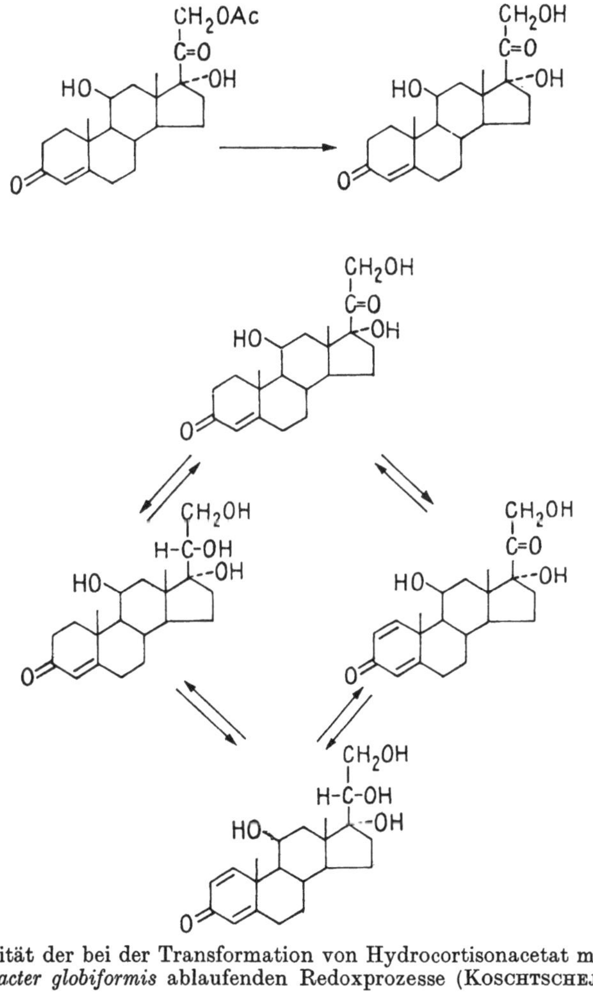

Abb. 7. Komplexizität der bei der Transformation von Hydrocortisonacetat mit immobilisierten Zellen von *Arthrobacter globiformis* ablaufenden Redoxprozesse (KOSCHTSCHEJENKO *et al.* 1979)

Tabelle 2

1(2)-Dehydrierung von Steroiden mit

Mikroorganismus	Matrix	Substrat	C, g/l	Spez. Aktivität
Mycobacterium globiforme 193 (= *Arthrobacter globiformis* 193)	PAA, Cellulose, DEAE-Cell.	Hydrocortison Cortison REICHSTEIN „S" (Prednisolon Prednison 1-DH-R „S")	0,05–0,20	
	PAA	Hydrocortison	0,5–50,0	0,058 μM/mg (BTrM) · min
	PVA-Membran (UV-vern.)	Hydrocortison	0,2–1,0	
	makroporöse Keramikträger, Proteinmembranen, Acetyl-Cell., 2PG, konvalente Bindung an Kieselgel	Hydrocortison		0,14–0,16 μM/mg (BTrM) · min
Arthrobacter spec. *Mycobacterium spec.* *Nocardia spec.*	PAA (7%, 10% vern.)	4-En-3-oxosteroide 5-En-3-Hydroxysteroide	0,035 0,5	0,1–1,8 mg/g(BFM) · h
Arthrobacter simplex	PAA, Ca-Alginat	Hydrocortison	3,6–9,0	4–80 μMg(MFM) · h
Arthrobacter simplex	Collagen	Hydrocortison	0,67 15,0	
Pseudomonas testosteroni	PAA	REICHSTEIN „S"	0,2	

Tab. 2

immobilisierten Mikroorganismen

Stabilität	Elektronen-Akzeptor	Bemerkungen	Autoren
13–36 h	PMS MD	Immob. Zelle als Multienzymsyst. (1(2)-DH; 1(2)- Red.; 20β-OH- DH; 20β-Red.); SV = 0,63–1,3; Säule (kont.); Elektronenmikroskopie; Dynamik d. Redoxprozesse Detergenzien; Aktivierung durch Medium od. Chloramphenicol	Skrjabin *et al.* (1974a, 1974b, 1976) Koschtschejenko *et al.* (1974, 1977) Suchodolskaja *et al.* (1976) Koschtschejenko *et al.* (1979) Skrjabin *et al.* (1979)
7–8 d		Matrix nach 12 Monaten Lagerung: 50–80% Akt.	Koschtschejenko *et al.* (1976)
6–25 d		SV = 1,4–5,3 · h^{-1}	Arinbasarova *et al.* (1980, 1982)
20 d		Δ^5-Δ^4-Isomerisierung; 1-Dehydr.- Skelettabbau; period. und kontinuierliche Transf.	Voischvillo *et al.* (1976) Tschajkova *et al.* (1976)
	MD	Stabilisierung durch hohe Zellkonz. (10%); Zellen nach Imm. 40% d. Akt.; Reakt. in Nähr- medium (7–10 ×); Substrat: mikrokristallin; Aktivierung durch Alkohole; 5% MeOH, Reakt. in Nährmedium	Larsson u. Mosbach (1976); Larsson *et al.* (1976), Ohlson *et al.* (1978, 1979)
$\tau_{1/2}$ = 130 h	MD (0,086 mg/ml)	51% Biomasse; Transf. in Gegenwart von 15% Äthanol	Venkatasubramani- an *et al.* (1978) Venkatasubrama- nian u. Vieth (1979) Constantinides (1980)
$\tau_{1/2}$ = 103 h	PMS (0,67 mM)	Säule bzw. CSTR- System; MB bzw. MD ohne Effekt; $\tau_{1/2}$ für immob. Enzym = 10 h	Yang u. Studebaker (1978)

Fortsetzung Tab. 2

Mikroorganismus	Matrix	Substrat	C, g/l	Spez. Aktivität
Arthrobacter simplex (acetongetr.)	PBM-200 PB-200 k (UV-vern. Filme) PU	Hydrocortison Hydrocortison	1,0 1,0	192 μM/g(BTrM) · h freie Zellen: 1104 μM/g(BTrM) · h 270 μM/g(BTrM) · h
Arthrobacter simplex	PAA	Hydrocortison	2,0	11 μM/g (MFM) · h
Arthrobacter simplex	PAA Ca-Alginat	19-Nor-AD		
Nocardia opaca *Nocardia erythropolis* *Mycobacterium phlei*	DEAE-Cellulose PAA Silica	ADD 20-Carboxy-pregna-1,4-dien-3-on	0,1	2 μM/g(BFM) · h

Tab. 2A

1(2)-Dehydrierung von Steroiden mit immobilisierten

Mikroorganismus	Matrix	Substrat	C, g/l	Spez. Aktivität
Nocardia rhodocrous	ENTP-2000 (Film) ENT-4000 ENTP-2000 ENT-4000 ENTP-2000 ENTB-1000 PBM-2000 PU-3 PU-6	4-AD TS (DTS; 4-AD; 17β-0-acetyl-DTS; 17β-0-acetyl-TS) (Ostradiol)	1,0 10,0 30,0 0,6	 200 μM/g · h

Hydrierung, Redoxreaktionen in Position C-20 und Entacetylierungsreaktionen (Abb. 7). Dieser „Multienzym-Prozeß" ist mit Hilfe der Durchflußrate, der Substratkonzentration und durch den Zusatz von Elektronenakzeptoren oder Kofaktoren steuerbar.

Mosbach und Larsson (1976) wiesen im Falle von *Arthrobacter simplex* die hohe Effektivität von immobilisierten Zellen gegenüber der immobilisierten 1(2)-Dehydrogenase nach. So liefert unter vergleichbaren Bedingungen (gleiche Ausgangsaktivität der Biomasse) der Einschluß einer Enzympräparation in Polyacrylamid im Vergleich zu den Zellen nur 10% der Enzymaktivität. Yang und Studebaker (1978) konnten

Fortsetzung Tab. 2

Stabilität	Elektronen-Akzeptor	Bemerkungen	Autoren
		geringe Akt. in hydrophoben Gelen; Einfluß von org. Lösungsmitteln	OMATA *et al.* (1979) TANAKA *et al.* (1979)
	(0,5 mM)	Aktivierung durch hydrophile org. Lösungsmittel	SONOMOTO *et al.* (1980)
		kinet. Unters. in Gegenw. von polaren org. Lsm.	KIM *et al.* (1980)
$\tau_{1/2} = 80$ h		Produkt (Östron) reichert sich in der Matrix an; 2 Jahre lagerfähig (−20 °C); Verwendung von org. Lösungsm.	WIERSMA *et al.* (1981)
$\tau_{1/2} = 15$ d		Reversibilität der 1(2)-Dehydrierung	ATRAT u. GROH (1981 a)

Tabelle 2A

Mikroorganismen in organischen Lösungsmitteln

Stabilität	Elektronen-Akzeptor	Lösungs-mittel	Bemerkungen	Autoren
	PMS (1,63 mM)	Bzl/Hept (1:1)	Immob. Zellen: 23% d. Akt. d. freien Zellen	OMATA *et al.* (1979a)
$\tau_{1/2} = 6$ h	PMS (4,3 mM)	Bzl/Hept (1:1)	Substratinhibierung für L-Gel u. freie Zellen	YAMANE *et al.* (1979) FUKUI *et al.* (1980)
	PMS (1,6 mM) (MY, DPIP)	Bzl/Hept (4:1)	1-Dehydrierung/ 17β-OH-Dehydrierung	AHMED *et al.* (1979) TANAKA *et al.* (1979)

nachweisen, daß die Stabilität von immobilisierten *Pseudomonas testosteroni*-Zellen mit $\tau_{1/2} > 103$ h mehr als zehnmal so groß wie das an einem Anionenaustauscher immobilisierte Enzym ($\tau_{1/2} \approx 10$ h) ist.

Mit 20-Carboxypregna-1,4-dien-3-on als Substrat (Abb. 8) wurde in unserer Arbeitsgruppe unter anaeroben Bedingungen im kontinuierlichen Säulenreaktor mit immobilisierten Zellen unterschiedlicher Gattungen die Reversibilität der enzymatischen Steroid-1(2)-Dehydrierung untersucht (ATRAT u. GROH 1981). Eine mikrobielle 1(2)-Dehydrierung von 4-En-3-oxosteroiden in Gegenwart von organischen Lösungsmitteln, die mit Wasser nicht mischbar sind, wurde erstmals aus dem Arbeitskreis

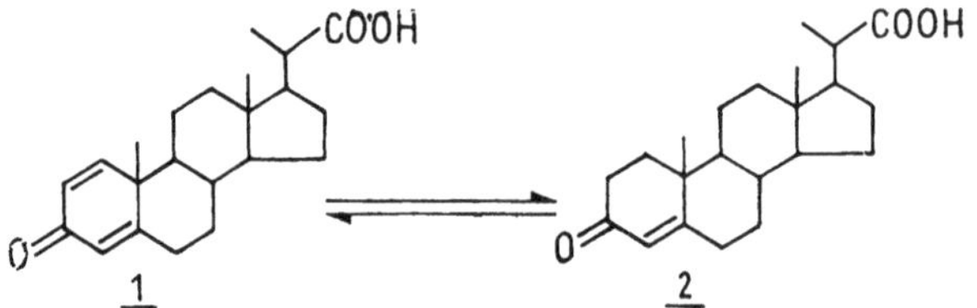

1 2

Abb. 8. Reversibilität der Steroid-1(2)-Dehydrierung. 1(2)-Dehydrierung des hydrophilen Substrates 20-Carboxy-pregna-1,4-dien-3-on, 1, mit immobilisierten Zellen von *Nocardia* bzw. *Mycobacterium* im Säulenreaktor unter anaeroben Bedingungen. Dehydrierung von 2 unter aeroben Bedingungen (ATRAT u. GROH 1981)

um S. FUKUI bekannt (OMATA *et al.* 1979). YAMANE *et al.* (1979) stellten bei der Umwandlung von Androstendion mit *Nocardia rhodocrous* in Benzol/Heptan (1:1) in Gegenwart von Phenazinmethosulfat eine starke Erhöhung der Transformationsrate fest. Unter üblichen Bedingungen in Puffer beträgt diese 2,33 µM/g Feuchtzellen (BFM)/h im genannten Lösungsmittelsystem hingegen 300 µM/g Feuchtzellen (BFM)/h. Hinzu kommt, daß das Reaktionsprodukt 1,4-Androstadiendion im ersten Falle nicht, aber in Gegenwart der organischen Phase quantitativ angereichert wird. Die im gleichen Arbeitskreis entwickelten Prepolymere (vgl. Tabellen 2 und 2a, Abschnitt 2 und 5) sind auf Grund ihrer definierten Hydrophobizität ganz besonders für eine Anwendung in organischen Lösungsmitteln geeignet. So gelingt es beispielsweise, die Verteilungskoeffizienten so einzustellen, daß die gesamte Matrix zu einem Substratreservoir wird. Im Zusammenhang mit den Verteilungskoeffizienten steht die Tatsache daß bei Verwendung eines hydrophoben („L")-Gels ab einer Konzentration von 70 mM eine Substrathemmung beobachtet wird, was im Falle eines hydrophilen („H")-Gels nicht eintritt. Für die freie Kultur beträgt dieser Wert 40 mM. AHMED *et al.* (1979) konnten nachweisen, daß sowohl für die Steroid-1-Dehydrogenase als auch für die 17β-Hydroxysteroiddehydrogenase in „H"-Gelen größere K_M-Werte als in „L"-Gelen auftreten.

Im Gegensatz zu Präparaten mit 3β-Hydroxysteroid-Oxydaseaktivität (vgl. Abschnitt 5) unterscheiden sich die spezifischen Aktivitäten der Biokatalysatoren mit hydrophober und hydrophiler Matrix nur geringfügig für Systeme mit Steroid-1-Dehydrogenaseaktivität. OMATA *et al.* (1979) machen hierfür das gegenläufige Diffusionsverhalten von Steroidsubstrat (Androstendion) und Elektronenakzeptor (PMS) verantwortlich. Danach ist der Prozeß im hydrophilen Gel in bezug auf die Diffusion des hydrophoben Substrates limitiert und im hydrophoben Gel in bezug auf die Diffusion des hydrophilen Elektronenakzeptors.

WIERSMA *et al.* 1981 (Organon-Group) untersuchten die 1-Dehydrierung von 19-Norandrostendion mit *A. simplex*, immobilisiert in Ca-Alginat, ebenfalls unter Anwendung organischer Lösungsmittel. Die Reaktion ist deshalb von Interesse, da mit der Aromatisierung des A-Ringes aus energetischen Gründen das Reaktionsgleichgewicht auf die Seite des Produktes verschoben ist.

Von der Steroid-1-Dehydrogenase aus *Nocardia opaca* ist die in Abbildung 9 dargestellte „Bi-Substrat-Reaktion" bekannt, in der ein Steroidsubstrat als Elektronenakzeptor fungiert (GROH *et al.* 1980). Diesen Reaktionstyp untersuchte unsere Arbeitsgruppe mit immobilisierten Mikroorganismen unterschiedlicher Gattungen in Gegenwart von organischen Lösungsmitteln, wobei verschiedene Steroidsubstratpaare als „Redoxpaare" in Anwendung kamen (ATRAT *et al.* 1982, unveröffentl.).

Die Anwendung von immobilisierten Mikroorganismen für eine 1(2)-Dehydrierung von Steroiden in organischen Lösungsmitteln ist jedoch z. Z. in erster Linie von wissenschaftlichem Interesse, da der natürliche Elektronenakzeptor des Enzyms unter diesen Bedingungen nicht mehr intakt ist und artifizielle Akzeptoren zugesetzt werden

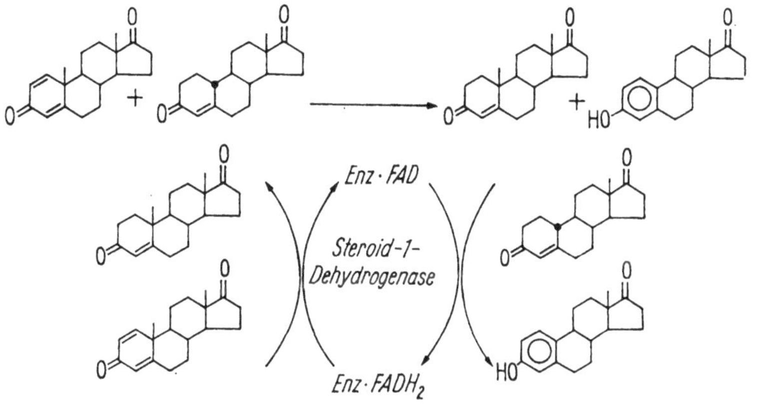

Abb. 9. Bi-Substratreaktion der Steroid-1-Dehydrogenase mit 4-En/1,4-Dien-3-oxosteroiden unter Verwendung von immobilisierten *Nocardia opaca*-Zellen in organischen Lösungsmitteln

müssen. Zudem ist die Stabilität der Systeme außerordentlich gering. So liegen die Halbwertszeiten der Enzymaktivitäten im Bereich weniger Stunden.

5. *Oxydation von 3β-Hydroxysteroiden*

Die enzymatische bzw. mikrobielle Oxydation von 3β-Hydroxyfunktionen besitzt vor allem analytisches Interesse für die Bestimmung von Cholesterol in der klinischen Routineanalytik und ist von präparativem Interesse für die Oxydation von Sterolen zu den entsprechenden 3-Ketonen, die unter bestimmten Voraussetzungen für die Herstellung von mikrobiell transformierbaren Steroidderivaten geeignet sind. In diesem Zusammenhang kommt der 3β-Hydroxysteroid-Oxydase (Cholesteroloxydase; EC 1.1.3.6.) eine besondere Bedeutung zu (Smith u. Brooks 1976). 3β-Hydroxysteroid-Oxydasen werden in verschiedenen Gattungen von Mikroorganismen wie *Nocardia*, *Streptomyces*, *Brevibacterium* u. a. gefunden. Nach dem in Abbildung 10 angegebenen

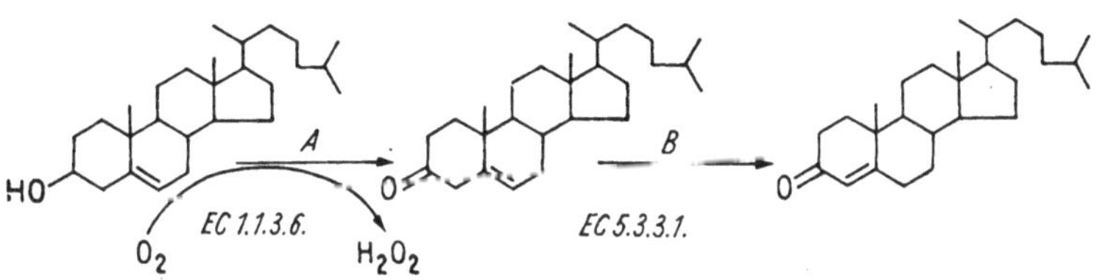

Abb. 10. Oxydation (A) und Isomerisierung (B) als Elementarschritte der Transformation von Cholesterol zu 4-Cholesten-3-on

Reaktionsschema wird molekularer Sauerstoff direkt in die Reaktion einbezogen. Werden Substrate mit 3β-OH-5-En-Struktur angeboten, ist der Oxydation noch ein Isomerisierungsschritt nachgelagert (5-En → 4-En). Im Unterschied zur NAD^+-abhängigen 3β-Hydroxysteroid-Dehydrogenase (EC 1.1.1.145) aus *Pseudomonas testosteroni* (Talalay 1965) war bisher eine eindeutige Abtrennung der Cholesteroloxydase von der Isomeraseaktivität (EC 5.3.3.1.) nicht möglich. Im Vergleich zu anderen steroidtransformierenden Enzymen ist die außergewöhnlich hohe Stabilität und Aktivität der Cholesteroloxydase in Gegenwart von organischen Lösungsmitteln, die mit Wasser nicht mischbar sind, bemerkenswert. Dieses gilt gleichermaßen für die Anwendung entsprechender Mikroorganismenkulturen als auch für das isolierte Enzym

Tabelle 3

Oxydation von 3β-Hydroxysteroiden

Mikroorganismus	Substrat	C, g/l	Matrix	Spez. Aktivität
Mycobacterium rhodochrous	Cholesterol	20,0	Collagen	800 mg/g(MFM) · h
Nocardia rhodocrous	Cholesterol β-Sitosterol Stigmasterol DHEA Pregnenolon	10,0	PBM-2000 ENT-4000 ENTP-2000 ENTPB-1000 PU	82—92 μM/g(BFM) · h
Nocardia erythropolis	Cholesterol	20,0	DEAE-Cell. Agar PAA	17 mg/g(BFM) · h
Arthrobacter simplex	5-En-3β-Hydroxy-verbindungen	0,035 0,5	PAA	
Flavobacterium dehydrogenans	DHEA; 17α-Hydroxy-pregnenolon; 17α, 21-Dihydroxypreg-nenolon		PAA Ca-Alginat	

und zwar sowohl im freien als auch im immobilisierten Zustand (BUCKLAND *et al.* 1975, LILLY *et al.* 1977, LILLY u. DUNNILL 1978).

Bisherige Anwendungen von immobilisierten Mikroorganismen auf diesen Prozeß sind in Tabelle 3 zusammengefaßt. Unter Verwendung von organischen Lösungsmitteln bzw. Lösungsmittelgemischen sind Substratkonzentrationen bis zu 20 g/l transformierbar. Als Träger haben sich photovernetzbare Prepolymere, Polyurethanprepolymere, Collagen und DEAE-Cellulose bewährt. OMATA *et al.* (1979) stellten die Hydrophobizität einer Polyurethanmatrix durch entsprechende Mischungen aus einem hydrophilen (PU-6) und einem hydrophoben (PU-3)Prepolymeren (vgl. Abschnitt 2) her und konnten diese in einen direkten Zusammenhang zur Aktivität des Biokatalysators bringen. Die Hydrophobizität der Matrix steht wiederum im Zusammenhang mit dem Verteilungskoeffizienten des Substrates zwischen Biokatalysator und organischem Lösungsmittel. Für Cholesterol und Dehydroepiandrosteron, zwei Substrate, die sich in ihrer Polarität stark unterscheiden, konnten die Autoren für Verteilungskoeffizienten zwischen 0,5 und 2,5 und der Enzymaktivität eine lineare Beziehung feststellen. Bei Verteilungskoeffizienten ab 2,0 übertraf die spezifische Aktivität des Biokatalysators sogar die der freien Zellen! Es ist bekannt, daß die Wirkung der Cholesteroloxydase in Gegenwart von organischen Lösungsmitteln an die Anwesenheit von Wasser gebunden ist (BUCKLAND *et al.* 1975). Zellen von *Nocardia erythropolis*, die an DEAE-Cellulose adsorbiert sind, zeigen nach dem Lyophilisieren beim Einsatz in Tetrachlormethan oder Toluol praktisch keine enzymatische Aktivität mehr, sind aber, auch nach langzeitigem Kontakt mit den Lösungsmitteln, durch Behandlung mit 0,01 M Phosphatpuffer reversibel reaktivierbar (ATRAT *et al.* 1980).

Einer technischen Anwendung dieser Systeme steht trotz hohen Substratkonzentrationen und beachtlichen enzymatischen Aktivitäten die noch relativ geringe Stabilität entgegen. Hinzu kommt, daß in großtechnischen Prozessen der mikrobiellen Steroidtransformation gewöhnlich Biomasse mit Cholesteroloxydaseaktivität anfällt und diese in einfachen Batch-Verfahren unter Zusatz von organischen Lösungsmitteln zur Oxydation von Sterolen eingesetzt werden kann.

Tabelle 3

mit immobilisierten Mikroorganismen

Stabilität $\tau_{1/2}$,h	Bemerkungen	Autoren
95	Tetrachlormethan, Tetradecan	VENKATASUBRAMANIAN u. VIETH (1979) MONTANA (1975)
20–24 (fr. Z.: 9–10). 40–60	Bzl/Heptan (1:1) Lsm/Heptangemische (1:1), Verteilungskoeffizienten	OMATA *et al.* (1979b) FUKUI (1980) OMATA *et al.* (1980)
200 (C = 1,0 g/l)	Tetrachlormethan, Toluol	ATRAT *et al.* (1980)
	Einfluß der Substituenten auf „Multienzymprozeß“	VOISHVILLO *et al.* (1976)
	Lsm/H_2O-Systeme	WIERSMA *et al.* (1981)

6. *Abbau der Seitenkette von Sterolen*

Der mikrobielle Abbau der Seitenkette von Sterolen wie Cholesterol, Sitosterol, Ergosterol u. a. zu Zwischenprodukten (C_{19}- und C_{22}-Steroide), die für die Partialsynthese von Steroidpharmaca geeignet sind (vgl. Abb. 11), ist Gegenstand intensiver wissenschaftlicher und technologischer Bearbeitungen (DJERASSI 1976, KIESLICH u. SEBECK 1979, KIESLICH 1980 a, b, c). Biochemisch handelt es sich hierbei im Unterschied zu den bisher beschriebenen Steroidtransformationen um einen komplizierten Multienzymprozeß, der neben dem Komplex der β-Oxydation eine ganze Reihe spezifischer steroidtransformierender Enzyme beinhaltet.

Ein wichtiges Ziel besteht gegenwärtig in der weiteren Verbesserung der ökonomischen Parameter, der Erhöhung der Spezifität dieser Prozesse, d. h. der möglichst weitestgehenden Verhinderung des Steroidskelettabbaues und der Erhöhung der Umsatzrate (vgl. Abschnitt 3). Bekanntlich wird die Selektivität der Prozeßführung durch Anwendung spezifischer Enzyminhibitoren (MARTIN 1977), durch den Einsatz von strukturmodifizierten Substraten, d. h. Sterolderivaten (EDER *et al.* 1977, BÖHME u. HÖRHOLD 1980) und durch die Verwendung von Mikroorganismenmutanten mit Steroid-1-Dehydrogenase- bzw. 9α-Hydroxylasedefekt erzielt. Auf die kooperative Wirkung der beiden genannten Enzyme bei der Einleitung des Steroidskelettabbaues wurde bereits im Abschnitt 3 hingewiesen.

Die von uns erstmals durchgeführten Untersuchungen zum Einsatz trägerfixierter Mikroorganismen für den spezifischen Abbau der Seitenkette von Sterolen sind in Tabelle 4 zusammengestellt. Die besten Ergebnisse wurden unter Verwendung des partiell wasserlöslichen, hydrophilen Sterolderivates 4-Cholesten-3-(o-carboxymethyl) oxim als Substrat erzielt (ATRAT *et al.* 1980b, 1981). Der Biokatalysator, *Mycobacterium phlei*, immobilisiert in Polyacrylamid, wies im kontinuierlichen Prozeß bei einer Substratkonzentration von 1 g/l eine Halbwertszeit der Aktivität von mehr als 4 Wo-

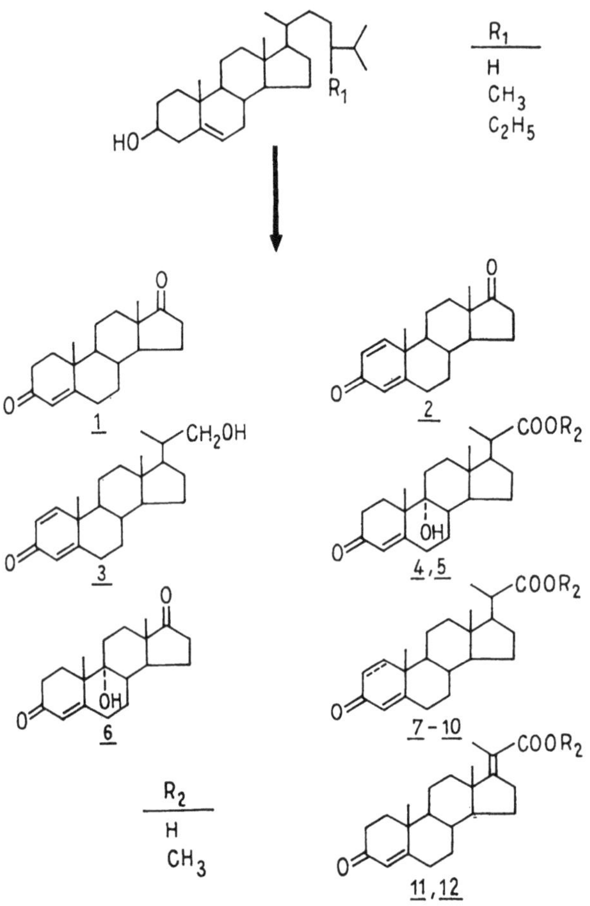

Abb. 11. Mikrobieller Seitenkettenabbau von Sterolen zu C_{19}- bzw. C_{22}-Steroiden, die für die Partialsynthese von Steroidpharmaca geeignet sind

chen auf. Im Vergleich hierzu beträgt dieser Wert für die freien Zellen in Puffer nicht mehr als 6 Tage. Anhand der Temperaturabhängigkeit ließ sich ebenfalls eine auffallende Stabilisierung durch die Polymermatrix nachweisen. Die Aktivität der Zellen nach der Immobilisierung lag bei 50–70% im Vergleich zur freien Kultur. Wegen der hohen Kosten des Substrates besitzt jedoch dieser Prozeß in erster Linie wissenschaftliches Interesse.

Kommen hydrophobe Sterolderivate oder freie Sterole zum Einsatz, dann sinkt bei der Verwendung von Polyacrylamid als Matrix die Transformationsaktivität z. T. beträchtlich ab; das Substrat ist praktisch nicht mehr verfügbar. Ein direkter Kontakt zwischen immobilisiertem Mikroorganismus und der hydrophoben Substratoberfläche ist unter üblichen Bedingungen in der Polymermatrix nicht mehr gegeben. Hinzu kommt, daß sich das monomere Acrylamid in einigen Fällen als außerordentlich toxisch im Hinblick auf den Enzymkomplex der β-Oxydation erwies. Als Alternative bot sich im Falle von *Nocardia erythropolis*, einem Stamm, der bekanntlich in Gegenwart von Inhibitoren der Steroid-9α-Hydroxylase Sterole zu C_{22}-Steroiden als Hauptprodukte abbaut, der Einsatz von adsorbierten Zellen an. DEAE-Cellulose ist in der Lage, eine große Menge Biomasse zu adsorbieren. Dieses Adsorbat bzw. im

Tabelle 4
Abbau der Sterolseitenkette mit immbobilisierten Mikroorganismen
(Atrat *et al.* 1980a—c, 1981)

Prozeß	Matrix	C, g/l	Bemerkungen
1. Derivatverfahren: 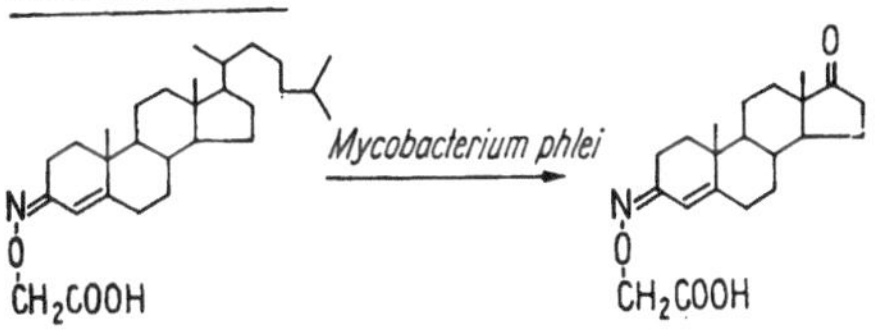	PAA	0,5	Halbwertszeit der Akt.: 40 d CSTR-System
2. Heminerverfahren: 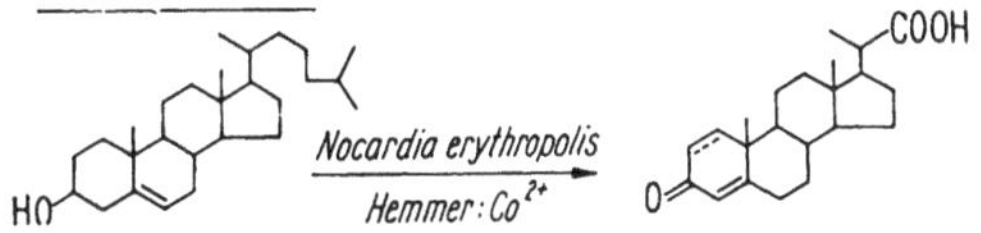	Cellulose; DEAE-Cellulose, DEAE-Cell./Co-AL-Alginatkomplex; Co-AL-Alginat/PE-MA/Adipinsäuredihydrazid-Komplex	0,1—0,25	Halbwertszeit: *ca.* 7 d Batchprozeß, Toxische Wirkung von Acrylamid
3. Mutantenverfahren: 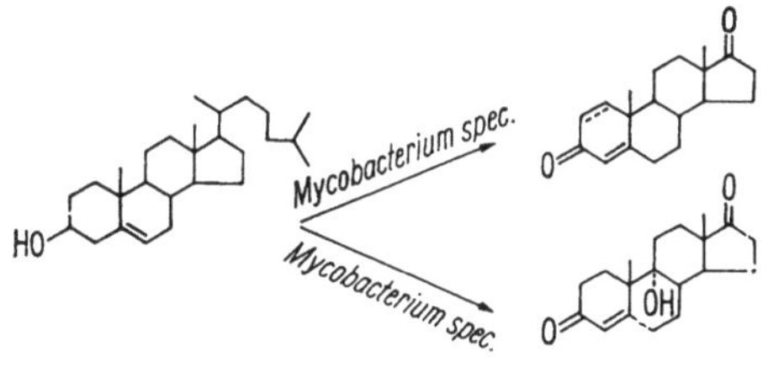	Ca-Alginat, PAA	0,1—0,25	Aktivität nimmt in periodischen Batchprozessen schnell ab

Komplex mit ionisch vernetzten Polymeren wie z. B. Alginaten, die den Enzyminhibitor wie z. B. Co^{2+} gleichzeitig als Vernetzerkomponente in der Matrix enthalten, erwiesen sich im mehrfach wiederholten Batchprozeß als aktiv (Atrat *et al.* 1980a). Der Einsatz von Mutanten, die Sterole zu Androstendion/Androstadiondion bzw. 9α-Hydroxyandrostendion abbauen, ist in Tabelle 4 angeführt. Die gegenwärtig zum Einsatz kommenden Substratkonzentrationen liegen noch weit unterhalb derer, die unter klassischen Fermentationsbedingungen zum Einsatz kommen. Bei Erhöhung der Substratverfügbarkeit in der Matrix des Biokatalysators, z. B. durch gezielte Einflußnahme auf Transportprozesse und Adsorptionsverhalten der Matrix, kann eine weitere Erhöhung der Transformationsraten erwartet werden. Die Untersuchungen zum Einfluß von Tensiden, Lösungsmitteln, Substratverteilung, Struktur der Matrix usw. sind noch nicht abgeschlossen.

7. *Weitere Steroidtransformationen mit immobilisierten Mikroorganismen*

Im folgenden Abschnitt sollen weitere Steroidtransformationen, für welche der Einsatz von immobilisierten Zellen bekannt geworden ist, zusammenfassend diskutiert werden. Reaktionstypen, Mikroorganismen, Träger und wichtige Kenndaten der Biokatalysatoren sind in der Tabelle 5 zusammengestellt, wobei auch der Einsatz von immobilisierten Pflanzenzellen einbezogen wurde.

Tabelle 5

Weitere Steroidtransformationen mit immobilisierten Mikroorganismen

Prozeß	Matrix	Bemerkungen	Autoren
7.1. Stereospezifische Reduktion von 17-Ketofunktionen:	PAA Cellulose	c = 0,1–1,0 g/l, 30–50 mg Zellen/mg Gel, $\tau_{1/2}$: 2–4 d, Mediumbehandlung: Stabilisierung (nach 32 d 10% Aktivitätsabnahme!), A = 12,7 mg/$g_{(BTrM)}$ · h (= 25% der freien Kultur) nicht behandelt: A = 0,2–0,5 mg/$g_{(BIrM)}$ · h, Aktivierung durch $CHCl_3$; kont. Prozeßführung	GULAJA *et al.* (1975, 1979) KOSCHTSCHEJENKO *et al.* (1978)
	kovalente Bindung an Spherone		TURKOVA (1979)
	PAA		PECZYNSKA-CZOCH *et al.* (1979)
7.2. Spezifische Reduktion der Dehydrocholsäure (Abb. 13)	ϰ-Carrageenan	c = 0,5 g/l kont. Prozeßführung im Säulenreaktor; A = 3,6 mg/$g_{(MFM)}$ · h Akt. = 25 d konst.	SAWADA *et al.* (1981) (1981)
7.3. 5α-Reduktion von substituierten 4-En-3-oxosteroiden (Abb. 14)	PAA		SIEWINSKI *et al.* (1975)
7.4. Reduktion von 20-Ketofunktionen 20-Ketosteroide — 20α-, 20β-OH-Derivate (Cortexosolon, Cortison: 16α-, 17α-Dihydroxyprogesteron) *Bacillus megaterium*; *Arthrobacter globiformis* (Abb. 15)	PAA	c = 0,05–0,25 g/l geringe Stabilität (Autolyse insbes. bei hohen Substratkonz.)	KOSCHTSCHEJENKO *et al.* (1977) KOSCHTSCHEJENKO et al. (1976) LUSTA *et al.* (1976)

Fortsetzung Tab. 5

7.3. 16α-Hydroxylierung *Streptomyces roseochromogenes* (Abb. 16)	Polyäthylenglykol-acrylat-Prepolymere 14-G und 46-G (photovernetzt)	$c = 0{,}06$ g/l; 3 period. Batch-Zyklen; Aktivierung der Matrix mit $NADPH_2$; $A = 0{,}7-1{,}0$ μM/g(BFM) · h	CHUN *et al.* (1981)
7.6. Steroidtransformation mit immobilisierten Pflanzenzellen *Digitalis lanata* Digitoxin → Digoxin (12β-Hydroxylierung)	Ca-Alginat		BRODELIUS *et al.* (1979a, b)
D. lanata β-Methyldigitoxin → β-Methyldigoxin (12β-Hydroxylierung) *D. lanata* Digitoxin → Purpureaglycosid A (Glucosilierung)		$c = 0{,}04$ g/l; Periodischer Batchprozeß (je 48 h); Stabilität: 61 d; Aktivität: 50% im Vgl. zur freien Kultur	ALFERMANN *et al.* (1980)
Solanum aviculare Solasodin-Synth.	Polyphenylenoxid (GA-akt.)		MACEK *et al.* (1981)
Daucus carota Digitoxigenin → Periplogenin (5β-Hydroxylierung)	Ca-Alginat	$c = 20$ mg/l; Stabilität: 7 Batchzyklen; Aktivierung, wenn Medium halbgesättigt mit $CHCl_3$	JONES u. VELIKY (1981a, 1981b)

7.1. Stereospezifische Reduktion von 17-Ketofunktionen

Im Rahmen der Totalsynthese von Steroidpharmaca besitzt die mikrobielle stereospezifische Reduktion der 17-Ketofunktion von 8,14-Seco-1,3,5(10),9(11-estratetraen-14,17-dion (Abb. 12) eine zentrale Bedeutung. Technisch wird dieser Prozeß mit Substratkonzentrationen über 15 g/l seit langem beherrscht. Aus dem Arbeitskreis um Koschtschejenko ist erstmals die Anwendung immobilisierter Zellen von *Saccharomyces cerevisiae* für diese Transformation bekannt geworden (Gulaja *et al.* 1975, 1979, Koschtschejenko *et al.* 1978).

a

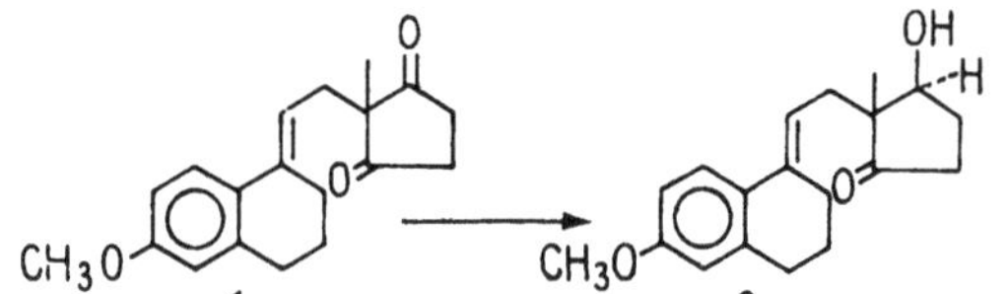

1 2

b

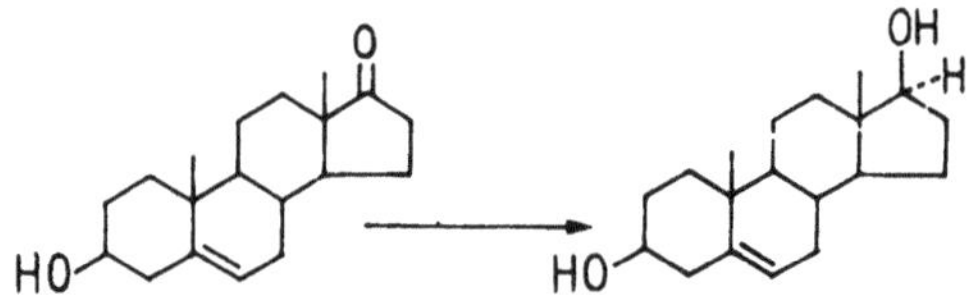

3 4

Abb. 12. Stereospezifische Reduktion von 17-Keto-Funktionen mit immobilisierten Mikroorganismen.
a) Umwandlung von 8,14-Seco-1,3,5(10),9(11)-estratetra-en-14,17-dion **1** in 17β-Hydroxy-8,14-seco-1,3,5(10),9(11)-estratetraen-14-on **2** mit *S. cerevisiae* (Gulaja *et al.* 1975, 1979, Koschtschejenko *et al.* 1978)
b) Überführung von Androstenolon (3β-Hydroxy-5-androsten-17-on) **3** in 5-Androsten-3β,17β-diol **4** mit *Rhodutorula uncilaginosa* (Peczynska-Czoch *et al.* 1979)

Die Autoren geben Polyacrylamid und Cellulose als geeignete Trägermatrix an. Nach Aktivierung des Biokatalysators durch Behandlung mit Nährmedium bleibt die enzymatische Aktivität bis zu 70% nach 25 Tagen Prozeßführung erhalten. Bei einer Substratkonzentration von 0,1—1,0 g/l werden Umsätze von 85—90% erzielt. Anhand von elektronenmikroskopischen Studien konnte an der Polyacrylamidoberfläche die Bildung von Mikrokolonien während des Einsatzes des Biokatalysators nachgewiesen werden und zwar unabhängig davon, ob eine Nährmediumbehandlung vorgenommen wurde oder nicht. Im Vergleich zur freien Kultur enthalten die immobilisierten Zellen 25% der Enzymaktivität und bewirken beim Einsatz im Batchprozeß keinen Skelettabbau des mikrokristallinen Substrates. Für sehr niedrige Substratkonzentrationen ($<$ 0,1 g/l) ist die Prozeßführung in einem kontinuierlichen Säulenreaktor möglich, wenn zur Solubilisierung 0,5 mg/ml BSA zugesetzt werden. Unter diesen Bedingungen wird eine Halbwertszeit für die Enzymaktivität von 14 Tagen angegeben. Adsorbierte Zellen an Cellulose bzw. deren Derivate sind durch eine kurzzeitige Behandlung mit Chloroform aktivierbar. Turkova *et al.* (1979) berichten über die kovalente Fixierung von *S. cerevisiae* an Spheron-Derivate unter Erhalt der enzymatischen Aktivität. Peczynska-Czoch *et al.* (1979) führten mit *Rhodutorula uncilaginosa*, immobilisiert in Polyacrylamid, eine Reduktion von Androstenolon durch. Der Biokatalysator erwies sich jedoch als außerordentlich instabil.

7.2. Spezifische Reduktion der Dehydrocholsäure

SAWADA *et al.* (1980) gelangen kürzlich mit *Brevibacterium fuscum*, immobilisiert in ϰ-Carrageenan, eine stereospezifische Reduktion von Dehydrocholsäure zu 12-Ketochenodeoxycholsäure in einem kontinuierlichen Säulenreaktor. Der Prozeß ist für die Herstellung von Chenodeoxycholsäure als Chemotherapeuticum für die Behandlung von Cholesterol-Gallensteinen von Interesse. Da prinzipiell alle drei Ketofunktionen des Substrates (Abb. 13) einer mikrobiellen Reduktion zugänglich sind, bereitet unter üblichen Fermentationsbedingungen die selektive Reduktion der Ketofunktionen in den Positionen 3 und 7 Schwierigkeiten. Es tritt sehr schnell eine „Überreduktion" unter Bildung von Cholsäure ein. Die Autoren konnten durch Variation der Kontaktzeit des Substrates am Biokatalysator den Reaktionsablauf im Säulenreaktor steuern. Bei einer Substratkonzentration von 500 mg/l bleibt die Enzymaktivität der immobilisierten Zellen über einen Zeitraum von mehr als 25 Tagen konstant, wobei die Ausbeute an 12-Ketochenodeoxycholsäure 80% beträgt. Damit besitzt offensichtlich bereits jetzt dieser Prozeß gegenüber dem vom gleichen Arbeitskreis entwickelten klassischen Fermentationssystem (SAWADA *et al.* 1980) praktische Vorteile.

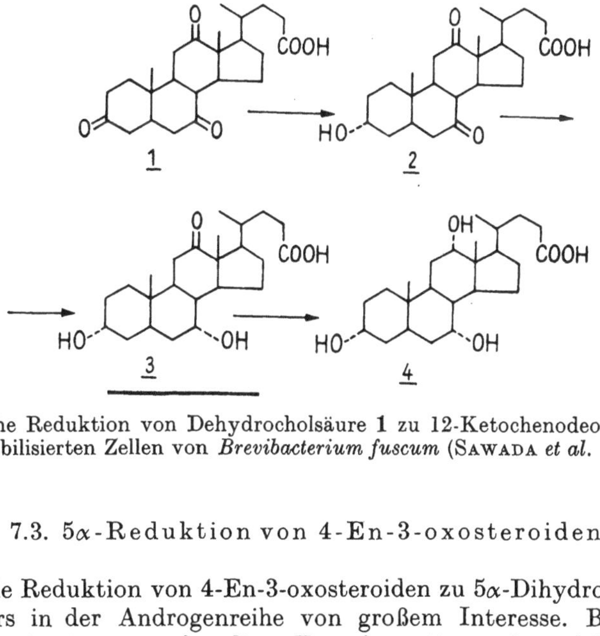

Abb. 13. Spezifische Reduktion von Dehydrocholsäure **1** zu 12-Ketochenodeoxycholsäure **3** mit immobilisierten Zellen von *Brevibacterium fuscum* (SAWADA *et al.* 1980)

7.3. 5α-Reduktion von 4-En-3-oxosteroiden

Die mikrobielle Reduktion von 4-En-3-oxosteroiden zu 5α-Dihydroderivaten (Abb. 14) ist besonders in der Androgenreihe von großem Interesse. Bisher existieren jedoch nur erste Ansätze, um für diese Transformationen immobilisierte Mikroorganismen einzubeziehen. Die Biokatalysatoren weisen sehr niedrige Aktivitäten und geringe Stabilitäten auf (SIEWINSKI *et al.* 1975, persönliche Mitteilung).

7.4. Reduktion von 20-Ketofunktionen

Redoxprozesse am Kohlenstoffatom 20 besitzen als Nebenreaktionen bei der 1(2)-Dehydrierung von Cortisol Bedeutung. Immobilisierte Zellen von *M. globiforme* (*Arthrobacter globiformis*) lassen sich bekanntlich als Multienzymsystem durch Variation der Transformationsbedingungen wie Zusatz von artifiziellen Elektronenak-

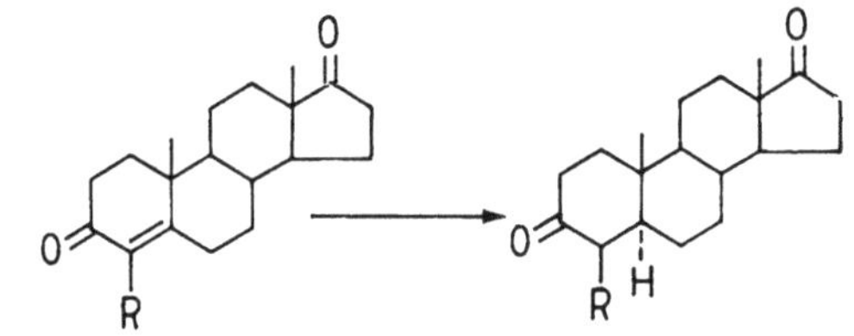

1 2

Abb. 14. Reduktion von 4-En-3-oxosteroiden **1** zu 5α-Dihydroderivaten **2** mit immobilisierten Zellen von *Rhodutorula spec.* (Siewinski 1975, persönliche Mitteilung)

zeptoren, Kofaktoren sowie mit Hilfe der Durchflußrate usw. (vgl. Abschnitt 4) steuern. Eine bevorzugte Reduktion der 20-Ketogruppe ist so durch Zusatz von $NADH_2$ möglich (Koschtschejenko *et al.* 1977). Im Vergleich zur Steroid-1-Dehydrogenase ist jedoch die Stabilität der $NADH_2$-abhängigen 20β-Hydroxysteroiddehydrogenase wesentlich geringer. Der gleiche Arbeitskreis untersuchte die Reduktion unterschiedlich substituierter 20-Ketosteroide mit immobilisierten Zellen von *Bacillus megaterium* in Polyacrylamid. Bei sehr niedriger Enzymaktivität und geringerer Stabilität nahm der Skelettabbau im Vergleich zur freien Kultur zu. Auffallend ist die Tatsache, daß sich die Neigung der immobilisierten Zellen zur Autolyse bei Erhöhung der Substratkonzentration auf 200 mg/l merklich verstärkt. Die Empfindlichkeit des Enzymsystems wird durch die geringe Aktivität und Stabilität von immobilisierten zellfreien Extrakten aus *B. megaterium* deutlich (Koschtschejenko *et al.* 1976). Kamen und Kaplan (1974) berichteten über die Immobilisierung einer 20β-Hydroxysteroiddehydrogenase durch kovalente Fixierung an Glasoberflächen mit Hilfe von Glutardialdehyd. Unter Einbeziehung eines kofaktorregenerierenden Enzymsystems (Alkoholdehydrogenase/Aldehyddehydrogenase) entwickelten die Autoren einen entsprechenden Enzymreaktor (Abb. 15).

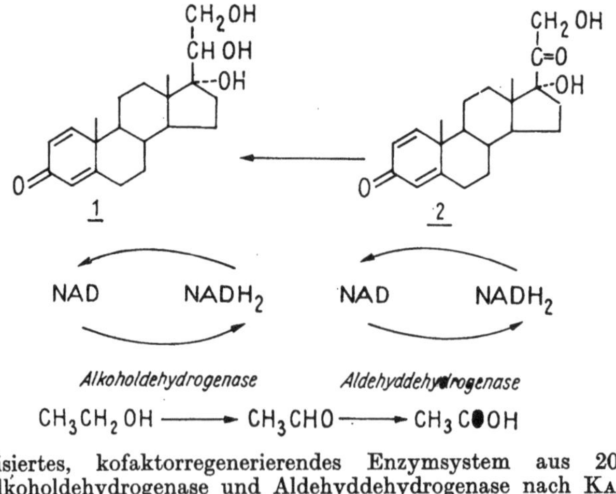

Abb. 15. Immobilisiertes, kofaktorregenerierendes Enzymsystem aus 20β-Hydroxysteroiddehydrogenase, Alkoholdehydrogenase und Aldehyddehydrogenase nach Kamen und Kaplan (1974)

7.5. 16α-Hydroxylierung

Die mikrobielle Hydroxylierung in der Position 16α besitzt praktische Bedeutung für die Herstellung solcher Steroidpharmaca wie Triamcinolon und Östriol. Chun *et al.*

(1981) setzten für diesen Reaktionstyp erstmals *Streptomyces roseochromogenes* im immobilisierten Zustand ein (Abb. 16). Für die Immobilisierung kamen Polyäthylenglykoldiacrylate 14-G und 46-G als photovernetzbare Prepolymere in Anwendung. Dabei erwiesen sich niedermolekulare, hydrophile Prepolymere besser geeignet als hydrophobe. Gegenüber der freien Kultur ließ sich die Enzymaktivität merklich stabilisieren, allerdings bleibt der Einsatz des Biokatalysators bisher auf lediglich drei periodische Batch-Zyklen beschränkt.

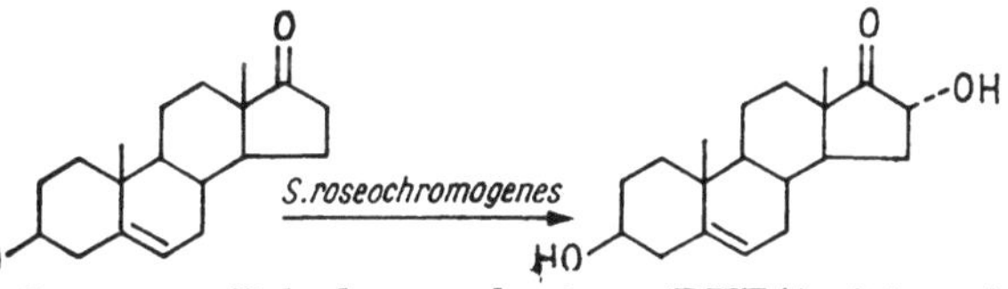

Abb. 16. 16α-Hydroxylierung von Dehydroepiandrosteron (DHEA) mit immobilisierten Zellen von *Streptomyces roseochromogenes* (CHUN *et al.* 1981)

7.6. Steroidtransformation mit immobilisierten Pflanzenzellen

Mit der Anwendung von schonenden Immobilisierungstechniken wie beispielsweise durch Einschluß in Ca-Alginat, Gelatine, Agarose, Chitosan usw. gelang es inzwischen auch, pflanzliche und tierische Zellen zu immobilisieren (BRODELIUS *et al.* 1979a, b, NILSSON u. MOSBACH 1980). ALFERMANN und REINHARD (1980) berichteten über die Anwendung unterschiedlicher Pflanzenzellkulturen für die Umwandlung von Steroidsubstraten. Gemeinsam mit dem Arbeitskreis um MOSBACH beschreiben die Autoren die erstmalige Anwendung von derartigen Zellen im immobilisierten Zustand. So wurden *Digitalis lanata*-Kulturen zur 12β-Hydroxylierung und Glukosilierung von Cardenoliden eingesetzt. Diese Reaktion besitzt im Zusammenhang mit der Herstellung von hochwirksamen herzaktiven Pharmaca Bedeutung, da eine chemische bzw. mikrobielle Überführung von Digitoxin in Digoxin nicht möglich ist. Unter Verwendung von Ca-Alginat als Matrix haben derartige Systeme eine Stabilität von mehr als 61 Tagen. Allerdings sind im Vergleich zu mikrobiellen Transformationen die Enzymaktivitäten sehr niedrig, wobei die Substratkonzentrationen noch unterhalb 50 mg/l liegen (BRODELIUS u. MOSBACH 1982). Über die Freisetzung von Solasodin durch *Solanum aviculare* nach kovalenter Fixierung der Zellen an Polyphenylenoxid nach Aktivierung mit Glutardialdehyd berichten MACEK *et al.* (1981). Eine 5β-Hydroxylierung von Digitoxigenin mit Ca-Alginat-immobilisierten Zellen von *Daucus carota* wird von JONES und VELIKY (1981a, b) beschrieben. Bei einer Substratkonzentration von maximal 20 mg/l ist der Biokataysator in 7 Batchprozessen zu je 48 h einsetzbar. Die Autoren diskutieren die niedrige Aktivität der immobilisierten Kultur im Vergleich zu den freien Zellen auf der Grundlage von Diffusionsbarrieren für das Substrat. Bemerkenswert ist die Tatsache, daß eine deutliche Stimulation der Umwandlung durch Lösungsmittel wie Chloroform, nicht aber hingegen durch Detergenzien feststellbar ist.

8. *Mikrobielle Membranelektroden*

Im Zusammenhang mit der intensiven Bearbeitung von Enzymelektroden (Übersichten bei SCHELLER u. PFEIFFER 1978, GUILBAULT 1977, CHIBATA 1978) hat es in den letzten Jahren nicht an Versuchen gefehlt, Vorteile, die die Anwendung von trägerfixierten Mikroorganismen im Vergleich zu den immobilisierten Enzymen mit sich bringt, auf biochemische Elektroden zu übertragen. An dieser Stelle sei auf die Arbeiten von JENSEN und RECHNITZ (1978), RECHNITZ *et al.* (1978), KOBOS *et al.* (1979), HI-

KUMA *et al.* (1979a, b, c) verwiesen. Gemeinsam mit dem Zentralinstitut für Molekularbiologie der Akademie der Wissenschaften der DDR (Berlin-Buch) haben wir erstmals immobilisierte Mikroorganismen in Membranelektroden zur Bestimmung von Steroidsubstraten eingesetzt (WOLLENBERGER *et al.* 1980a und 1980b). Die Ergebnisse sind in Tabelle 6 zusammenfassend dargestellt. Für die Entwicklung eines Cholesterol-

Tabelle 6

Mikrobielle Membranelektroden für die Bestimmung von Steroiden (WOLLENBERGER *et al.* 1980a, b)

Analytische Reaktion	Matrix	Substrat	Bemerkungen
N. erythropolis; EC 1.1.3.6.; EC 5.3.3.1. 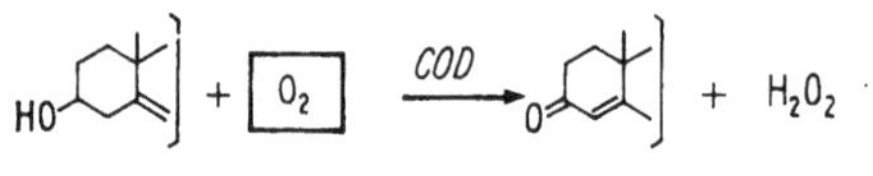	Agar PAA	Sterole bevorzugt Cholesterol	Sauerstoffelektrode (−600 mV); Stabilität > 4 Wochen $2{,}5 \cdot 10^{-5} - 1{,}75 \cdot 10^{-4}$ M Meßzeit: 5—8 min (kinetisch) 15—20 min (steady state)
N. opaca; EC 1.3.99.4. 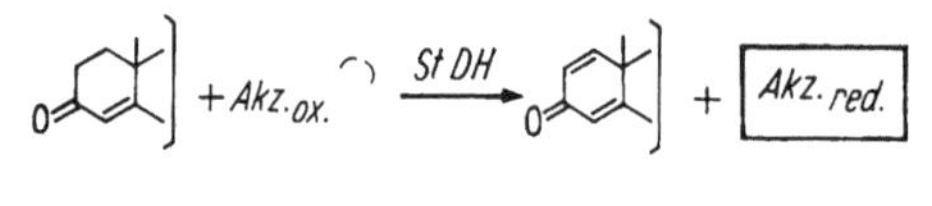	PAA	4-En-3-oxo- steroide bevorzugt: Cortisol, 4-Androsten- dion, Testosteron	rot. Glaskohlenstoff- elektrode (+ 200 mV); $10^{-6} - 10^{-4}$ M; Einfluß d. Substrat- struktur; Akz = 2,6-Dichlor- phenolindophenol

assays kamen PAA-immobilisierte Zellen von *Nocardia erythropolis* mit hohem Cholesteroloxydasegehalt als Membran in einer Sauerstoffelektrode bei einem Potential von −600 mV zur Anwendung. Das Meßprinzip besteht in der Erfassung der Sauerstoffabnahme in der Meßzelle (Abb. 17) entsprechend dem in Abschnitt 5 (Abb. 10) angegebenen Reaktionsschema. Die enzymatische Aktivität der Membran ließ sich durch Einsatz chloramphenicolbehandelter Zellen bzw. durch Verwendung relativ hoher Konzentrationen lyophilisierter Biomasse erhöhen. Mit einer Stabilität von mehr als 4 Wochen und einem linearen Konzentrationsbereich bis etwa 125 μM ergeben sich bereits jetzt Ansätze für eine analytische Verwertbarkeit. Die Meßzeiten von 15—20 min für die steady state-Methode und 5—8 min für die kinetische Methode sind wesentlich kürzer als andere Autoren für mikrobielle Elektroden angeben. Bei weiterer Erhöhung der Selektivität und Verkürzung der Meßzeiten würde sich so eine Alternative zu den bekanntgewordenen Entwicklungen von Cholesterolelektroden auf der Grundlage von immobilisierten Cholesteroloxydase (SATOH *et al.* 1977) ergeben. Für

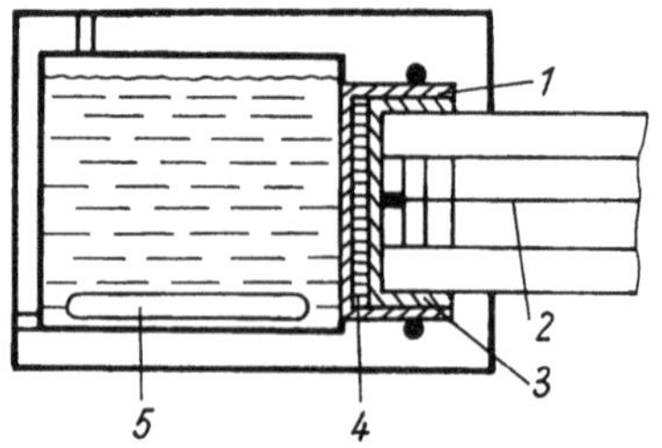

Abb. 17. Meßzelle zur Bestimmung von Cholesterol (vereinfachtes Schema nach WOLLENBERGER *et al.* 1980a). 1 — Dialysemembran, 2 — Pt-Ag/AgCl-Elektrodensystem, 3 — O_2-durchlässige Membran, 4 — *Nocardia erythropolis*/Polyacrylamid-Membran, 5 — Magnetrührer

die Bestimmung von Steroiden mit 4-En-3-oxo-Struktur verwendeten wir immobilisierte Zellen von *Nocardia opaca* mit hoher Steroid-1-Dehydrogenaseaktivität. Als Meßprinzip kam hierbei die elektrochemische Erfassung der reduzierten Form des artifiziellen Elektronenakzeptors 2,6-Dichlorphenolindophenol bei + 200 mV (gegen SCE) an einer rotierenden Glaskohlenstoffelektrode (Abb. 18) in Anwendung (vgl. Reaktionsschema Abb. 6 in Abschnitt 4). Der lineare Meßbereich liegt in diesem Falle zwischen 10^{-4} M und 10^{-6} M, wobei sich deutlich eine Abhängigkeit von der Substratstruktur bemerkbar macht (unterschiedliche K_M-Werte, Abhängigkeit des Transportverhaltens von der Struktur). Der Einsatz von Enzymelektroden auf der Grundlage von immobilisierter Steroid-1-Dehydrogenase für die Steroidanalytik ist bisher noch nicht beschrieben worden.

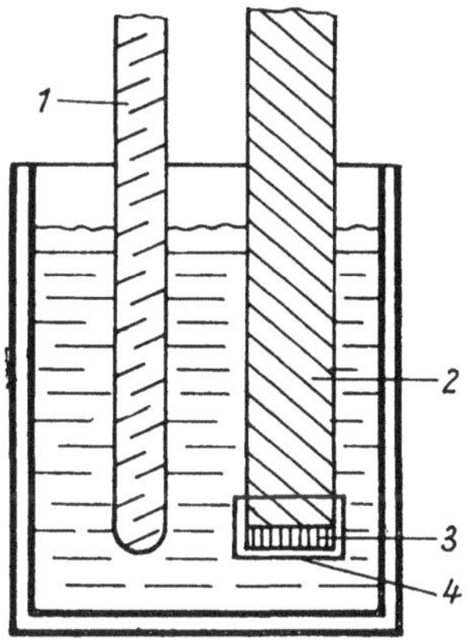

Abb. 18. Meßzelle zur Bestimmung von 4-En-3-oxosteroiden (vereinfachtes Schema nach WOLLENBERGER *et al.* 1980b). 1-Referenzelektrode, 2-rotierende Glaskohlenstoff-Elektrode, 3-*Nocardia opaca*/Polyacrylamid-Membran, 4-Nylon-Netz

9. *Diskussion und Schlußfolgerungen*

Bei ausreichender enzymatischer Aktivität und Stabilität liegt der wichtigste Vorteil der Anwendung von immobilisierten Mikroorganismen in der Möglichkeit einer kontinuierlichen Prozeßführung. Damit ist in der Regel ein kleineres Operationsvolumen verbunden, was insbesondere für die Handhabung niedriger Substratkonzentrationen von Interesse ist (DURAND u. NAVARRO 1978). Ein weiterer Vorteil, der vor allem auch für die Steroidtransformation ins Gewicht fällt, ergibt sich dadurch, daß die Aufarbeitung in der Regel weder durch Biomasse noch durch Nährmedium beeinflußt wird, d. h., das Fermentationsprodukt fällt in reinerer Form an. Dieses ist von Interesse, da bei üblichen Fermentationsverfahren die Aufarbeitungskosten wesentlich die Ökonomie des Gesamtprozesses mitbestimmen. So können die Kosten für die Reinigung des Fermentationsendproduktes durchaus in der Größenordnung der Fermentationskosten liegen. Ein Problem des Einsatzes von immobilisierten Zellen liegt bekanntlich in der spezifischen Aktivität, welche z. T. beträchtlich unter der der freien Kultur liegen kann. Demgegenüber besteht jedoch die Möglichkeit des wiederholten und langfristigen Einsatzes der einmal zur Verfügung stehenden Biomasse. Hinzu kommt, daß z. B. durch Detergenzien und, allerdings mit Einschränkungen, auch durch organische Lösungsmittel die spezifischen Aktivitäten des Biokatalysators und damit die Durchsatzraten der Reaktoren beeinflußbar sind. Aus technologischer Sicht bestehen auch für die Verwendung von Steroidsubstraten in fester amorpher oder mikrokristalliner Form, auch in hohen Konzentrationen, prinzipielle Lösungen (Wiersma *et al.* 1981). Damit entscheidet über die Rentabilität des Einsatzes von immobilisierten Mikroorganismen für eine Steroidtransformation die Ökonomie des Gesamtprozesses. Das zugrunde liegende Optimierungsproblem beinhaltet als wesentliche Aspekte die Bereitstellung der Biomasse und deren Immobilisierung, die Aktivität und die Stabilität des Biokatalysators, die Entscheidung für eine periodische oder eine kontinuierliche Prozeßführung und die Aufarbeitung einschließlich Abtrennung des Biokatalysators und Reinigung des Endproduktes. In diesem Zusammenhang sei beispielsweise auf die Kostenermittlung für die Herstellung von L-Asparaginsäure mit Hilfe von immobilisierten Mikroorganismen verwiesen (Chibata u. Tosa 1977).

Aus dem bisher vorliegenden umfangreichen Material sind zum gegenwärtigen Zeitpunkt Aussagen zur großtechnischen Nutzung von immobilisierten Mikroorganismen für die Umwandlung von Steroiden nur sehr schwer zu treffen, zudem diesbezüglich publizierte Angaben nicht widerspruchsfrei sind.

Larsson *et al.* (1976) diskutierten erstmals die Möglichkeit einer industriellen Nutzung der Steroid-1(2)-Dehydrierung für die Herstellung von Prednisolon aus Hydrocortison. Später berichteten Cheetham *et al.* (1979) und Cheetham (1980) über die Herstellung von Prednisolon aus Reichstein „S" durch 11β-Hydroxylierung und anschließender 1(2)-Dehydrierung mit immobilisierten Mikroorganismen im großtechnischen Maßstab in Schweden seit 1978 und beriefen sich dabei auf eine persönliche Mitteilung von K. Mosbach. Lilly (1978) berichtet über eine nicht näher bezeichnete „Steroiddehydrierung" mit hitzedenaturierten Zellen seit 1964 in der Fa. Squibb. Andere Autoren wie Kieslich (1980b) halten zum gegenwärtigen Zeitpunkt eine großtechnische Nutzung von immobilisierten Zellen für Steroidtransformationen noch nicht für möglich. Fukui (1980, persönliche Mitteilung) geht ebenfalls davon aus, daß weltweit bisher noch keine großtechnische Nutzung dieser Biokatalysatoren für die Produktion von Steroidpharmaca erfolgt, die Steroid-1(2)-Dehydrierung jedoch bereits in Pilotanlagen beherrscht wird.

Unabhängig vom gegenwärtigen realen großtechnischen Nutzungsgrad sind, was die spezifischen Aktivitäten und Langzeitstabilitäten der Biokatalysatoren, die Raum-Zeit-Ausbeuten und die Möglichkeiten einer kontinuierlichen Prozeßführung anbetrifft, folgende Transformationen mit Sicherheit am weitesten entwickelt: die 1(2)-Dehydrierung, die Oxydation von 3β-Hydroxyfunktionen, auch in organischen Lösungsmitteln, die stereospezifische Reduktion von 17-Ketofunktionen und mit gewissen Einschränkungen die 11-Hydroxylierung sowie die selektive Hydrierung von Dehydrocholsäure. Dagegen besitzen andere Prozesse wie beispielsweise die Steroidtransformation mit immobilisierten Pflanzenzellen z. Z. noch rein wissenschaftliches Interesse.

Bei einer Einschätzung des Entwicklungstrends ist in Rechnung zu setzen, daß die gegenwärtig genutzten mikrobiellen Verfahren für die Herstellung von Steroidpharmaca hoch entwickelt sind und weiterhin vervollkommnet werden. Es werden Substratkonzentrationen beherrscht, die bei günstigen Raum-Zeit-Ausbeuten mehr als 50 g/l betragen können. Es ist ferner zu bedenken, daß Steroidsubstrate mit extrem hydrophobem Charakter, wie es beispielsweise die Sterole darstellen, einen möglichst intensiven Kontakt zwischen Zell- und Substratoberfläche erfordern, was wiederum zu prinzipiellen Grenzen der Anwendung „klassischer" immobilisierter Systeme führt (Hösel 1982).

Für die Herstellung kleiner Mengen kostenintensiver Steroidderivate in Labor- bzw. Pilotanlagen ist jedoch der Einsatz von immobilisierten Zellen in Bioreaktoren bereits heute als reale Möglichkeit in Betracht zu ziehen.

Während zur Anwendung von immobilisierten Zellen für eine Umwandlung von Steroiden bzw. für eine Substratumwandlung allgemein ein umfangreiches wissenschaftliches Material vorliegt, besteht Nachholebedarf in der grundlagenmäßigen Bearbeitung des Biokatalysators selbst. Es gibt bisher nur wenige Aussagen über den biochemischen und biologischen, insbesondere physiologischen Zustand von steroidtransformierenden Mikroorganismen, die sich im immobilisierten Zustand befinden. Es handelt sich hierbei fast ausschließlich um Ergebnisse aus dem Arbeitskreis Koschtschejenko (Puschtschino). Ebenso fehlen bisher noch wesentliche Informationen über den Transport des hydrophoben Steroidsubstrates bzw. der Fermentationsprodukte in der Polymermatrix. Aus einer systematischen Bearbeitung dieser Fragestellungen sind weitere Beiträge zur Erhöhung der spezifischen Aktivität und der Stabilität der Biokatalysatoren zu erwarten.

Bei ausreichender Enzymstabilität und -aktivität sind immobilisierte Mikroorganismen für die Steroidanalytik einsetzbar. Vorteile gegenüber den freien bzw. immobilisierten Enzymen liegen vor allem in den niedrigen Kosten und den Stabilitäten der Systeme. Da jedoch die Empfindlichkeiten niedriger sind, kommt eine analytische Verwertung in erster Linie für höhere Substratkonzentrationen in Betracht, was beispielsweise für die analytische Erfassung von Fermentationsprozessen gegeben ist. Unter diesem Gesichtspunkt kommen den immobilisierten Systemen mit Steroid-1(2)-Dehydrogenaseaktivitäten bzw. Cholesteroloxydaseaktivität eine Bedeutung zu.

Frau Annemarie Pabst danke ich an dieser Stelle ganz herzlich für die Unterstützung bei der Abfassung des Manuskriptes.

Literatur

Abbott, B. J., 1976. Preparation of pharmaceutical compounds by immobilized enzymes and cells. Adv. Appl. Microbiol., **20**, 203—257.

Abub-Hajj, Y. J., 1978. Isolation of vitamin $K_2(_{35})$ from *Nocardia restrictus* and *Corynebacterium simplex*. A natural electron acceptor in microbial steroid ring A dehydrogenations. J. biol. Chemistry, **253**, 3256—3260.

Ahmed, S. A., Omata, T., Tanaka, A. and Fukui, S., 1979. Control of multible product formation in bioconversion of testosterone by selection of hydrophilic and lipophilic resins for entrapment of microbial cells. Ann. Rep. of Internat. Center of Cooperation Research and Development in Microbial Engineering., Vol. 2, pp. 59—72. Faculty of Engineering, Osaka University, Osaka, Japan.

Alfermann, A. W. and Reinhard, E., 1980. Biotransformation by plant tissue cultures. Bull. Soc. Chim. France, 1980 (1—2), II-35-45.

Alfermann, A. W., Schuler, J. and Reinhard, W., 1980. Biotransformation of cardiac glycosides by immobilized cells of *Digitalis lanata*. Planta medica, **40**, 218—223.

Arinbasarova, A. Y., Artemova, A. A., Kiseljev, A. V., Koschtschejenko, K. A.and Nikitin, Y. S., 1982. Enzymic activity of *Arthrobacter globiformis* 193 cells immobilized on macropore ceramic carriers. Prikl. Biochim. Mikrobiol. (in press).

Arinbasarova, A. Y. and Koschtschejenko, K. A., 1980. Covalent binding of cells with activated silica gel. Prikl. Biochim. Mikrobiol., **16**, 854—861 (Russ.).

Atrat, P. and Groh, H., 1981. Steroid transformation with immobilized microorganisms. VI. The reverse reaction of steroid-1-dehydrogenases from different microorganisms in immobilized state. Z. Allg. Mikrobiol., **21**, 3—6.

Atrat, P., Hörhold, C., Buchar, M. J. und Koschtschejenko, K. A., 1980b. Steroidtransformation mit immobilisierten Mikroorganismen. III. Abbau der Seitenkette von Cholesterolderivaten mit immobilisierten Zellen von *Mycobacterium phlei* und *M. smegmatis*. Z. Allg. Mikrobiol., **20**, 239—243.

Atrat, P., Hüller, E. und Hörhold, C., 1980. Steroidtransformation mit immobilisierten Mikroorganismen. I. Transformation von Cholesterin zu Cholestenon in organischen Lösungsmitteln. Z. Allg. Mikrobiol., **20**, 79—84.

Atrat, P., Hüller, E., Hörhold, C., Buchar, M. J., Arinbasarova, A. Y. und Koschtschejenko, K. A., 1980a. Steroidtransformation mit immobilisierten Mikroorganismen. II. Abbau der Seitenkette von Cholesterol mit immobilisierten Zellen von *Nocardia erythropolis*. Z. Allg. Mikrobiol., **20**, 159—166.

ATRAT, P., HÜLLER, E. and HÖRHOLD, C., 1981. Steroid transformation with immobilized microorganisms. V. Continuous side chain cleavage of a cholesterol derivative with immobilized *Mycobacterium phlei* cells. Europ. J. Appl. Microbiol. Biotechnol., **12**, 157—160.

BÖHME, K.-H. und HÖRHOLD, C., 1980. Abbau von Steroiden. XVI. Mikrobieller Seitenkettenabbau von strukturmodifizierten Sterolen. Z. Allg. Mikrobiol., **20**, 85—93.

BRESKVAR, K. and HUDNIK-PLEVNIK, T., 1977. A possible role of Cytochrome P-450 in hydroxylation of progesterone by *Rhizopus nigricans*. Biochem. Biophys. Res. Comm., **74**, 1192—1198.

BRODELIUS, P., 1978. Industrial applications of immobilized biocatalysts. Adv. biochem. Eng., **10**, 75—129.

BRODELIUS, P., DEUS, B., MOSBACH, K. and ZENK, M. H., 1979a. Immobilized plant cells for the production and transformation of natural products. FEBS Lett., **103**, 93—97.

BRODELIUS, P., DEUS, B., MOSBACH, K. and ZENK, M. H., 1979b. Schwedisches Patent 7905615-6.

BRODELIUS, P. and MOSBACH, K., 1982. Immobilized plant cells. Adv. Appl. Microbiol., **28**, 1—26.

BUCHAR, M. J., VDOVINA, N. V., KRASNOVA, L. A. and KOSCHTSCHEJENKO, K. A., 1980. Study of the effect of surface-active substances on hydroxylase activity of *Thieghemella orchidis* in free and immobilized state. Prikl. Biochim. Mikrobiol., **16**, 503—510.

BUCKLAND, B. C., DUNNILL, P. and LILLY, M. D., 1975. The enzymatic transformation of water-insoluble reactants in nonaqueous solvent. Conversion of cholesterol to cholest-4-ene-3-one. Biotechnol. Bioeng., **17**, 815 —826.

BUNTING, P. S. and LAIDLER, K. J., 1972. Kinetic studies on solid-supported β-galactosidase. Biochemistry, **11**, 4477—4483.

CHEETHAM, P. S. J., 1979. Physical studies on the mechanical stability of columns of calcium alginate gel pellets containing entrapped microbial cells. Enzyme Microb. Technol., **1979** (1), 183—188.

CHEETHAM, P. S. J., 1980. Developments in the immobilisation of microbial cells and their applications. In: Topics in Enzyme and Fermentation Biotechnology, Vol. 4, A. WISEMAN (Ed.) Ellis Harwood Ltd., John Wiley and Sons, New York-Chichester-Brisbane-Toronto, pp. 189 to 238.

CHEETHAM, P. S. J., BLUNT, K. W. and BUCKE, CH., 1979. Physical studies on cell immobilization using calcium alginate gels. Biotechnol. Bioeng., **21**, 2155—2168.

CHIBATA, I. (Ed.), 1978. Immobilized Enzymes, Research and Development. Kondansha Ltd., Tokyo. J. Wiley and Sons, New York-London-Sydney-Toronto. pp. 210—214.

CHIBATA, T. and TOSA, T., 1977. Transformation of organic compounds by immobilized microbial cells. Adv. Appl. Microbiol., **22**, 1—25.

CHIBATA, I., TOSA, T. and SATO, T., 1974. Immobilized aspartase containing microbial cells. Preparation and enzymic properties. Appl. Microbiol., **27**, 878.

CHUN, Y. Y., IIDA, M. and IIUKA, H., 1981. Studies on microbial transformations. XIX. Use of immobilized cells of *Streptomyces roseochromogenes* for the 16α-hydroxylation of dehydroepiandrosterone. J. Gen. Appl. Microbiol., **27**, 505—509.

CONSTANTINIDES, A., 1980. Steroid transformation at high substrate concentrations using immobilized *Corynebacterium simplex* cells. Biotechnol. Bioeng., **22**, 119—136.

CLARK, L. C., EMORY, C., GLUECK, C. J., and CAMPBELL, M., 1977. The cholesterol electrode: Use of the polarographic oxidase anode with multiple enzymes. In: Enzyme Engineering Vol. **3** (Ed. E. K. PYE and H. H. WEETALL). Plenum Press, New York and London, 1977, pp. 409—426.

DEPPMEYER, V., 1982. Dissertation zur Promotion A. Friedrich-Schiller-Universität, Jena.

DJERASSI, C., 1976. Problems of manufacture and distribution. The manufacture of steroidal contraceptives: technical versus political aspects. Proc. R. Soc. London Ser. B, **195**, 175—186.

DODSON, R. M. and MUIR, R. D., 1958. Microbiological transformations. II. The microbiological aromatization of steroids. J. Amer. Chem. Soc., **80**, 5004.

DURRAND, G. and NAVARRO, J. N., 1978. Immobilized microbial cells. Process Biochemistry, 1978, 14—12.

EDER, U., SAUER, G., HAFFER, G., WIECHERT, R., WEBER, A., POPPER, A., KENNECKE, M. und MÜLLER, R., 1977. Verfahren zur Herstellung von 5-Androsten-Derivaten und 5-Pregnen-Derivaten. DT-OS 2534911.

ERGAN, F.; ATRAT, P., DHULSTER, P., GELLF, G., KIM, M. M., LEGOY, M. D. and THOMAS, D., 1982. Steroid modifications with immobilized biocatalysts. Use of immobilized enzyme requiring cofactor regeneration and of immobilized mycelium. Z. Allg. Mikrobiol., **22**, 607—615.

FREEMAN, A., BLANK, T. and AHARONOWITZ, Y., 1982. Protein determination of cells immobilized in cross-linked synthetic gels. Europ. J. Appl. Microbiol. Biotechnol., **14**, 13—15.

FUKUI, S., SONOMOTO, K., ITOH, N. and TANAKA, A., 1980. Several novel methods for immobilization of enzymes, microbial cells and organelles. Biochimie, **62**, 381—386.

FUKUI, S., TANAKA, A., JIDA, T. and HASEGAWA, E., 1976. FEBS Lett., **66**, 179—182.

FUKUI, S. and TANAKA, A., 1981. Bioconversion of lipophilic compounds by immobilized microbial cells in organic solvents. Acta Biotechnologica, **1**, 339—350.

GHOSH, D. and SAMATA, T. S., 1982. 11α-Hydroxylation of progesterone by cell free preparation of *Aspergillus ochraceus* TS. J. steroid Biochem., **14**, 1063—1067.

GROH, H., KOMEL, R., DEPPMEYER, V., ATRAT, P. und HÖRHOLD, C., 1979. Steroidumwandelnde Enzyme aus Mikroorganismen. XI. Reversibilität der Dehydrierungsreaktion der Steroid-1-Dehydrogenase aus *Nocardia opaca*. Z. Allg. Mikrobiol., **19**, 727—730.

GROH, H., KOMEL, R., DEPPMEYER, V., SCHADE, W. and HÖRHOLD, C., 1980. Steroid-transforming enzymes from microorganisms. The reverse reaction of the steroid-1-dehydrogenase from *Nocardia*. J. Steroid Biochem., **13**, 1413—1415.

GUILBAULT, G. G., 1977. Enzyme Electrodes in analytical chemistry. In: Comprehensive. Anal. Chem., Amsterdam, Vol. 8, p. 1.

GULAJA, V. E., ANANTSCHENKO, S. N., TORGOV, I. V., KOSCHTSCHEJENKO, K. A. and BYTSCHKOVA, G. G., 1979. Use of immobilized cells of *Saccharomyces cerevisiae* VKMu-488 for the assymetric reduction of 3-methoxy-1,3,5,(10),9(11)-8,14-secoestratetraene-14,17-dione. Bioorg. Chim., **5**, 768—775.

GULAJA, V. E., KRJUTSCHENKO, E. T., RATTEL, N. N., MESSINOVA, O. V., ANANTSCHENKO, S. N. and TORGOV, I. V., 1975. Synthesis of the methyl ester of 8,14-seco-$\Delta^{1, 2, 5, (10), 9 (11)}$-estratetraenediol-3,17β-dihydroxy-14-one by the culture of *Saccharomyces cerevisiae* VKMu-488. Prikl. Biochim. Mikrobiol., **11**, 657—661.

HANISCH, W. H., DUNNILL, P. and LILLY, M. D., 1980a. Optimization of the production of progesterone 11α-hydroxylase by *Rhizopus nigricans*. Biotechnol. Bioeng., **22**, 555—570.

HANISCH, W. H. and DUNNILL, P., 1980b. Regeneration of the progesterone 11α-hydroxylase of *Rhizopus nigricans* by the use of periodate. Biotechnol. Lett., **2**, 123—126.

HAYANO, M., 1962. In: Oxygenases (O. HAYAISKI, Ed.). Academic Press, London, p. 182.

HAYANO, M., RINGOLD, H. J., STEFANOVIČ, V., GUT, M. and DORFMAN, J. R., 1961. The stereochemical course of steroid-1,2-dehydrogenation. Biochim. Biophys. Res. Comm., **4**, 454—459.

HIKUMA, M., KUBO, T., YASUDA, T., KARUBE, I. and SUZUKI, S., 1979a. Microbial electrode sensor for alcohols. Biotechnol. Bioeng., **21**, 1945—1953.

HIKUMA, M., KUBO, T., YASUDA, T., KARUBE, I. and SUZUKI, S., 1979b. Amperometric determination of acetic acid with immobilized *Trichosporon brassicae*. Anal. Chim. Acta, **109**, 33—38.

HIKUMA, M., SUZUKI, H., YASUDA, T., KARUBE, I. and SUZUKI, S., 1979. Amperometric estimation of BOD by using living immobilized yeasts. Europ. J. Appl. Microbiol. Biotechnol., **8**, 289—297.

HÖSEL, P., 1982. Dissertation zur Promotion A. Zentralinstitut für Mikrobiologie und experimentelle Therapie der Akademie der Wissenschaften der DDR, Jena.

JACK, T. R. and ZAJIC, J. E., 1977. The immobilization of whole cells. Adv. biochem. Eng., **5**, 125—145.

JENES, M. A. and RECHNITZ, G. A., 1978. Bacterial membrane electrode for L-cysteine Anal. chim. Acta, **101**, 125—130.

JONES, A. and VELIKY, V. A. 1981a. Examination of parameters effecting the 5β-hydroxylation of digitoxigenin by immobilized cells of *Daucus carota*. Eur. J. Appl. Microbiol. Biotechnol., **13**, 84—89.

JONES, A. and VELIKY, V. A., 1981b. Effects of medium constituents on the viability of immobilized plant cells. Canad. J. Bot. (in press).

KENNEDY, J. F., BAKER, S. A. and HUMPHREYS, J. D., 1976. Microbial cells living immobilized on metal hydroxides. Nature, **261**, 242—244.

KIERSTAN, M. and BUCKE, C., 1977. The immobilization of microbial cells, subcellular organelles, and enzymes in calcium alginate gels. Biotechnol. Bioeng., **19**, 387—397.

KIESLICH, K., 1980a. New examples of microbial transformations in pharmaceutical chemistry. Bull. Soc. Chim. France, 1980 II, 9—17.

KIESLICH, K., 1980b. Industrial aspects of biotechnological production of steroids. Biotechnol. Lett., **2**, 211—217.

KIESLICH, K., 1980c. Steroid conversions. In: A. H. ROSE (Ed.) Microbial Enzymes and Bioconversions. Economic Microbiology, **5**, 370—467. Academic Press, London, New York, Toronto, Sydney, San Francisco.

KIM, M. N., 1981. M. S. Thesis, Université de Compiégne, Compiégne, France.

KIM, M. N., ERGAN, F., DHULSTER, P., ATRAT, P., GELLF, G and THOMAS, D., 1982. Steroid modification with immobilized mycelium of *Aspergillus phoenicis*. Biotechnol. Lett., **4**, 233—238.

KIM, DOO HA, LEE, S. B. and RYN, D. D. Y., 1980. Solvent effect on enzymatic steroid transformation. Arch. Pharm. Res., **3**, 1—15.

KLEIN, J. and KLUGE, M., 1981. Immobilization of microbial cells in polyurethane matrices. Biotechnol. Lett., **3**, 65—70.

KLEIN, J. and WAGNER, F., 1978. Immobilized whole cells. DECHEMA Monographies, 82, 142 to 164.

KOBUS, R. K., RICE, D. J. and FLOURNOY, D. S., 1979. Bacterial membrane electrode for the determination of nitrate. Anal. Chem., 51, 1122–1125.

KONDO, F. and MASUO, E., 1961. Pseudocristallofermentation of steroid: A new process for preparing prednisolone by a microogranism. J. Gen. Appl. Microbiol., 7, 113–117.

KOSCHTSCHEJENKO, K. A., ARINBASAROVA, A. Y. and SKRJABIN, G. K., 1979. Redox reactions in the transformation of hydrocortisone and prednisolone by adsorbed cells of *M. globiforme* 193. Prikl. Biochim. Mikrobiol., 15, 645–653.

KOSCHTSCHEJENKO, K. A., BORMAN, E. A. and BAKLASCHOVA, T. G., 1974. Dehydrogenation of cortisone acetate to prednisone acetate by the culture *Mycobacterium globiforme* 193. Prikl. Biochim. Mikrobiol., 10, 376–384.

KOSCHTSCHEJENKO, K. A., BORMAN, E. A., IVANUKOVA, W. I., ASCHIROV, P. M. and SKRJABIN, G. K., 1976. Study of enzymic activity of cells *Mycobacterium globiforme* 193 incorporated into semi-permeable membranes. Prikl. Biochim. Mikrobiol., 12, 206–209.

KOSCHTSCHEJENKO, K. A., BYTSCHKOVA, G. G., GULEWSKAJA, S. A., LUSTA, K. A., GULAJA, V. E and ANANTSCHENKO, S. N., 1978. Physiological and biochemical characteristics and morphology of *Saccharomyces cerevisiae* VKMu-488 included in polyacrylamide gel. Izv. Akad. Nauk, Ser. Biol., 6, 862–871.

KOSCHTSCHEJENKO, K. A., GULEVSKAJA, S. A., SUCHODOLSKAJA, G. V., LUSTA, K. A., FICHTE, B. A. and SKRJABIN, G. K., 1977. Continuous transformation of hydrocortisone with immobilized cells of *Mycobacterium globiforme*. Changes in morphology and transformation activity. Dokl. Akad. Nauk SSSR, 233, 1211–1214.

KOSCHTSCHEJENKO, K. A., KRASNOVA, L. A., GARCIA-RODRIGES, L. K., SOROVTSEV, V. I. and SKRJABIN, G. K., 1976. Study of 20α- and 20β-reduction of steroids by immobilized enzymic preparations and cells of *Bacillus megaterium*. Prikl. Biochim. Mikrobiol., 12, 322–326.

KOSCHTSCHEJENKO, K. A., SUCHODOLSKAJA, G. V., TJURIN, V. S. and SKRJABIN, G. K., 1981. Physiological biochemical and morphological changes in immbobilized cells during repeated periodical hydrocortisone transformation. Eur. J. Appl. Microbiol. Biotechnol., 12, 161–169.

LARSSON, P. O. and MOSBACH, K., 1976. Immobilization of steroid-transforming microorganisms in polyacrylamide. In: Methods in Enzymology, Vol. 44, pp. 183–190. Academic Press, Inc., New York.

LARSSON, P. O., OHLSON, S. and MOSBACH, K., 1976. New approach to steroid conversion using activated immobilized microorganisms. Nature, 263, 796–797.

LEE, B. K., BROWN, W. E., RYU, D. Y., JACOBSON, H. and THOMA, R. W., 1970. Influence of mode of steroid substrate on conversion of steroid and growth characteristics in a mixed culture fermentation. J. Gen. Microbiol., 61, 97–105.

LESTROVAJA, N. N., DÄNHARDT, S. und HÖRHOLD, C., 1978. Steroidumwandelnde Enzyme aus Mikroorganismen. V. Reinigung einer 4-En-3-oxosteroid:(Akzeptor)-1-en-Oxidoreduktase aus *Nocardia opaca* und Charakterisierung der prosthetischen Gruppe. Z. Allg. Mikrobiol., 18, 189 bis 196.

LEVY, R. H. and TALALAY, P., 1959. Bacterial oxidation of steroids. II. Studies on the enzymatic mechanism of ring A dehydrogenation. J. biol. Chem., 234, 2014–2026.

LILLY, M. D., 1978. Immobilized enzyme reactors. In: Proceedings of the first european congress on biotechnology. DECHEMA Monographies, 82, 165–180.

LILLY, M. D. and DUNNILL, P., 1978. Oxidation of hydrophobic compounds by microorganisms. 12th FEBS-Meeting, Dresden, July 2–8, 1978. Abstract No. 1054 (non-held paper).

LUSTA, K. A., KRASNOVA, L. A., KOSCHTSCHEJENKO, K. A., FICHTE, B. A. and SKRJABIN, G. K., 1976. Ultrastructural changes of cells of *Bacillus megaterium* immobilized in polyacrylamide gel. Dokl. Akad. Nauk SSSR, 227, 469–471.

MACEK, T., JIRKU, V., VANEK, T. and BENEŚ, J., 1981. Immobilization of plant cells on polyphenylen oxide. Short communication on the first international conference on chemistry and biotechnology of biologically active natural products. Varna, Bulgaria, 21.–26. 9. 1981, Bulgarian Academy of Sciences, Volume 3(2), 158–161.

MADDOX, J. S., DUNNILL, P. and LILLY, M. D., 1981. Use of immobilized cells of *Rhizopus nigricans* for the 11α-hydroxylation of progesterone. Biotechnol. Bioeng., 23, 345–354.

MARTIN, C. K. A., 1977. Microbial cleavage of sterol side chains. Adv. Appl. Microbiol., 22, 29–58.

MESSING, R. A., 1980. Immobilized microbes. Annual Reports on Fermentation Processes, 4, 105 to 121.

MONTANA, M., 1975. M. S. Thesis. The Rutgers University, New Brunswick, N.Y.

MOSBACH, K. and LARSSON, P. O., 1970. Preparation and application of polymer entrapped enzymes and microorganisms in microbial transformation processes with special reference to to 11β-hydroxylation and Δ^1-dehydrogenation. Biotechnol. Bioeng., **12**, 19—27.

NILSSON, K. and MOSBACH, K., 1980. Preparation of immobilized animal cells. FEBS Lett., **118**, 145—150.

NOMINÉ, G., 1979. La place des bioconversions dans l'acces industriel aux steroides. Bull. Soc. Chim. France, 1980 1—2 II, 18—23.

OHLSON, S., FLYARE, S., LARSSON, P. O. and MOSBACH, K., 1980. Steroid hydroxylation using immobilized spores of *Curvularia lunata* germinated *in situ*. Europ. J. Appl. Microbiol. Biotechnol., **10**, 1—9.

OHLSON, S., LARSSON, P. O. and MOSBACH, K., 1978. Steroidtransformation by activated living immobilized *Arthrobacter simplex* cells. Biotechnol. Bioeng., **20**, 1267—1284.

OHLSON, S., LARSSON, P. O. and MOSBACH, K., 1979. Steroidtransformation by living cells immobilized in calcium alginate. Eur. J. Appl. Microbiol. Biotechnol., **7**, 103—110.

OMATA, T., JIDA, T., TANAKA, A. and FUKUI, S., 1979b. Transformation of steroids by gel enttrapped *Nocardia rhodocrous* cells in organic solvent. Eur. J. Appl. Microbiol. Biotechnol., **8**, 143—155.

OMATA, T., TANAKA, A. and FUKUI, S., 1980. Bioconversions under hydrophobic conditions: effect of solvent polarity on steroid transformations by gel-entrapped *Nocardia rhodocrous* cells. J. Ferment. Technol., **58**, 339—343.

OMATA, T., TANAKA, A., YAMANE, T. and FUKUI, S., 1977a. Immobilization of microbial cells and enzymes with hydrophobic photo-crosslinkable resin prepolymers. Europ. J. Appl. Microbiol. Biotechnol., **6**, 207—215.

PECZYNSKA-CZOCH, W., SIEWINSKI, A. and SZEWCZUK, A., 1979. Microbiological transformations XI. The use of immobilized *Rhodutorula uncilaginosa* cells to reduce some ketones. Arch. Immunol. Theor. Exp., **27**, 441—446.

PENASSE, I. and PEYRE, M., 1968. Studies of 3-oxo-steroid-Δ^1-oxidoreductase of *Arthrobacter simplex*. Steroids, **12**, 525—544.

RECHNITZ, G. A., RIECHEL, T. L., KOBOS, R. K. and MEYERHOFF, M. E., 1978. Glutamine-selective membrane electrode that uses living bacterial cells. Science, **199**, 440—441.

RINGOLD, H. J., HAYANO, M. and STEFANOVIČ, V., 1963. Concerning the stereochemistry and mechanism of the bacterial C-1,2-dehydrogenation of steroids. J. biol. Chem., **238**, 1960—1965.

SATOH, I., KARUBE, I. and SUZUKI, S., 1977. Enzyme electrode for free Cheolsterol. Biotechnol. Bioeng., **19**, 1095—1099.

SAWADA, H., KINOSHITA, S., YOSHITA, T. and TAGUCHI, H., 1980. Microbial production of chenodeoxycholic acid precursor, 12-ketochenodeoxycholic acid, from dehydrocholic acid. Eur. J. Appl. Microbiol. Biotechnol., **10**, 107—112.

SAWADA, H., KINOSHITA, S., YOSHIDA, T. and TAGUCHI, H., 1981. Continuous production of 12-ketochenodeoxycholic acid in a column reactor containing immobilized living cells of *Brevibacterium fuscum*. J. Ferment. Technol., **59**, 111—114.

SCHAW, D. A., BERKENHAGEN, L. F. and TALALAY, P., 1965. Enzymatic oxydation of steroids by cell free extracts of *Pseudomonas testosteroni*: Isolation of cleavage products of ring A. Proc. Natl. Acad. Sci., **54**, 837.

SCHELLER, F. und PFEIFFER, D., 1978. Enzymelektroden. Z. Chem., **2**, 50—57.

SCHUBERT, K., BÖHME, K.-H. und HÖRHOLD, C., 1961. Bildung einer Ketosäure durch mikrobiellen Abbau von Progesteron. Hoppe-Seyler's Z. physiol. Chem., **325**, 260—262.

SIH, J. CH. and BENNET, E. R., 1962. Steroid-1-dehydrogenase of *Nocardia restrictus*. Biochim. Biophys. Acta, **56**, 584—592.

SKRJABIN, G. K., KOSCHTSCHEJENKO, K. A., MOGILNITZKI, G. M., TJURIN, V. S. and FICHTE, B. A., 1974. Transformation of Δ^4-3-ketosteroids by immobilized microorganisms. Izv. Akad. Nauk SSSR, Ser. Biol., **6**, 857—866.

SKRJABIN, G. K., KOSCHTSCHEJENKO, K. A., SUCHODOLSKAJA, G. V. and ARINBASAROVA, A. Y., 1976. V. Intern. Ferment. Symp. Berlin, p. 17, 12, 326.

SKRJABIN, G. K., KOSCHTSCHEJENKO, K. A. and SUROVTSEV, V. J., 1974. Transformation of steroids with immobilized cells and cell free preparations of *Mycobaterium globiforme* 193. Dokl. Akad. Nauk SSSR, **215**, 737—739.

SKRJABIN, G. K., SUCHODOLSKAJA, G. V. and KOSCHTSCHEJENKO, K. A., 1979. Characteristics of the transformation of hydrocortisone by cells embedded in a polyacrylamide gel. Izv. Akad. Nauk SSSR, Ser. Biol., **2**, 165—172.

SMITH, A. G. and BROOKS, J. W., 1976. Cholesterol oxidase: Properties and applications. J. Steroid Biochem., **7**, 705—713.
SONOMOTO, K., HOQ, M., TANAKA, A. and FUKUI, S., 1981. Growth of *Curvularia lunata* spores into mycelial form within various gels, and 11β-hydroxylation by entrapped mycelia. J. Ferment. Technol., **59**, 465—469.
SONOMOTO, K., JIN, J.-M., TANAKA, A. and FUKUI, S., 1980. Application of urethane prepolymers to immobilization of biocatalysts: Δ^1-dehydrogenation of hydrocortisone by *Arthrobacter simplex* cells entrapped with urethane prepolymers. Agric. Biol. Chem., **44**, 1119—1126.
SONOMOTO, K., TANAKA, A., OMATA, T., YAMANE, T. and FUKUI, S., 1979. Application of photocrosslinkable resin prepolymers to entrap microbial cells. Effects of increased cell-entrapping hydrophobicity on the hydrocortisone-Δ^1-dehydrogenation. Eur. J. Appl. Microbiol. Biotechnol., **6**, 325—334.
STEFANOVIČ, V., HAYANO, M. and DORFMAN, R. J., 1963. Some observations on the Δ^1-dehydrogenation by *Bacillus sphaericus*. Biochim. Biophys. Acta, **71**, 429—437.
SUCHODOLSKAJA, G. V., KOSCHTSCHEJENKO, K. A. and SKRJABIN, G. K., 1978. Regulation of 3-oxosteroid-1,2-dehydrogenase activity and 20β-hydroxysteroid dehydrogenase activity in microbial cells immobilized in polyacrylamide gel. In: Immobilized cells-theory and practice. — USSR Academy of Sciences — Scientific Centre of Biological Research — Instutute of Biochemistry and Physiology of Microroganisms. Pushchino, 1980, pp. 90—101.
TALALAY, P., 1965. Enzymatic mechanisms in steroid biochemistry. Ann. Rev. Biochem., **34**, 347—380.
TANAKA, A., JIN, J.-N., KAWAMOTO, S. and FUKUI, S., 1979. Entrapment of microbial cells and organelles with hydrophilic urethane prepolymers. Eur. J. Appl. Microbiol. Biotechnol., **7**, 351 to 354.
TANAKA, A., YASUHARA, S., OSUMI, M. and FUKUI, S., 1977. Immobilization of yeast microbodies inclusion with photocrosslinkable resind. Eur. J. Biochem., **80**, 193—197.
TOSA, T., SATO, T., MORI, T., YAMAMOTO, K., TAKATA, I., NISHIDA, Y. and CHIBATA, I., 1979. Immobilization of enzymes and microbial cells using Carrageenan as matrix. Biotechnol. Bioeng., **21**, 1697—1709.
TSCHAIKOVA, A. Y., VOISCHVILLO, N. Y., KAMERNITZKI, A. W., NACHAPETJAN, L. A. and PAUKOV, W. N., 1978. Dehydrogenation of steroids by microorganism cells immobilized in polyacrylamide gel. In: Immobilized cells-theory and practice. — USSR Academy of Sciences — Scientific Centre of Biological Research — Institute of Biochemistry and Physiology of Microorganisms. Pushchino., 1980. pp. 112—118.
TURKOVA, I., 1979. Enzymes covalently bound to solid supports. Abstracts of the FEBS Special Meeting on Enzymes, Dubrovnik, Cavtat, Jugoslavia, 1979, Svenčilišna nahlada Liber, Zagreb, 1979, LS 6 – 2.
VDOVINA, N. K., BUCHAR M. J. and KOSCHTSCHEJENKO, K. A., 1980. Effect of polymerization conditions on the transformation activity of *Tieghemella orchidis* cells. Prikl. Biochim. Mikroboil., **16**, 309—314.
VENKATASUBRAMANIAN, K., CONSTANTINIDES, A. and VIETH, W. R., 1978. Synthesis of organic acids and modification of steroids by immobilized whole microbial cells. In: Enzyme Engiering, Vol. 3, PYE, E. K. and WEETALL, H. H. (Ed.). Plenum Publishing Corporatiin, pp. 29—41.
VENKATASUBRAMANIAN, K. and VIETH, W. R., 1979. Immobilized cells. In: Progress in Industrial Microbiology, Vol. 15, BULL, M. J. (Ed.). Elsevier Scientific Publishing Company, Amsterdam-Oxford-New York, pp. 61—86.
VOISHVILLO, N. Y., KAMERNITZKI, A. W., TSCHAIKOVA, A. Y., LEONTJEV, Y. G., PAUKOV, W. N. and NACHAPETJAN, L. A., 1976. Preparation of $\Delta^{1,4}$-3-Keto-steroids using immobilized bacterial cells. Izv. Akad. Nauk SSSR, Ser. Chim., **6**, 1357—1360.
WEAVER, E. A., 1962. Brit. Patent 912 274.
WEAVER, E. A., KENNEY, H. E., WALL, M. E., 1960. Effect of concentration on the microbiological hydroxylation of progesterone. Appl. Microbiol., **8**, 345—348.
WIERSMA, M., LUCAS, C. C. H., KOK, J. J. and OLIJVE, W., 1981. Transformation of steroid by immobilized bacteria. J. Microbiology and Serology, **47**, 185.
WIX, G. and ALBRECHT, K., 1959. A new method for the microbiological oxydation of steroids. Nature, **183**, 1279.
WOLLENBERGER, U., SCHELLER, F. and ATRAT, P., 1980a. Microbial membrane electrode for the determination of cholesterol. Anal. Lett., **13** (**B10**), 825—836.
WOLLENBERGER, U., SCHELLER, F. and ATRAT, P., 1980b. Microbial membrane electrode for steroid assay. Anal. Lett., **13** (**B13**), 1201—1210.
WOVCHA, M. G., BROOKS, K. E. and KOMINEK, L. A., 1979. Evidence for two steroid 1,2-dehydrogenase activities in *Mycobacterium fortuitum*. Biochim. Biophys. Acta, **574**, 471—479.
YAMAMOTO, K., SATO, T., TOSA, T. and CHIBATA, I., 1974a. Continuous production of urocanic acid by immobilized *Achromobacter liquidum* cells. Biotechnol. Bioeng., **16**, 1601—1610.

YAMAMOTO, K., SATO, T., TOSA, T. and CHIBATA, I., 1974b. Continuous production of L-citrulline by immobilized *Pseudomonas putida* cells. Biotechnol. Bioeng., **16**, 1589–1599.
YAMAMOTO, K., TOSA, T., YAMASHITA, K. and CHIBATA, I., 1976. Continuous production of L-malic acid by immobilized *Brevibacterium ammoniagenes* cells. Eur. J. Appl. Microbiol., **3**, 169 to 183.
YAMANE, T., NAKATANI, H., SADA, E., OMATA, T., TANAKA, A. and FUKUI, S., 1979. Steroid bioconversion in water-insoluble organic solvents: Δ^1-dehydrogenation by free microbial cells and by cells entrapped in hydrophilic or lipophilic gels. Biotechnol. Bioeng., **21**, 2133–2145.
YANG, H. S. and STUDEBAKER, J. F., 1978. Continuous dehydrogenation of a steroid with immobilized microbial cells: Effect of an exogenous electron acceptor. Biotechnol. Bioeng., **20**, 17–25.
ZUIDWEG, M. H. J., VAN DER WARD, W. F. and DE FLIENES, J., 1962. Formation of hydrocortisone by hydroxylation of REICHSTEIN's compound S with an enzyme preparation from *Curvularia lunata*. Biochim. Biophys. Acta, **58**, 131–133.

Anschrift: Dr. P. ATRAT
Zentralinstitut für Mikrobiologie
und experimentelle Therapie der AdW
DDR-6900 Jena, Beutenbergstr. 11

Buchbesprechungen

K. BAHADUR and S. RANGANAYAKI, Origin of Life, a Functional Approach. XV + 447 S., 49 Abb., 5 Tab., 15 Tafeln. Allahabad 1981. Ram Narain Lal Beni Prasad. M 90.,

Die Arbeiten BAHADURS und seiner Mitarbeiter gehören in den Kreis der Bemühungen, die Entstehung lebenswichtiger organischer Verbindungen aus anorganischen und einer „Protozelle", unter präkambrisch möglichen Bedingungen nachzuvollziehen. Bei BAHADUR und RANGANAYAKI sind es sphärische „Jeewanu"-Einheiten (Das Sanskrit-Wort „Jeewanu" bedeutet „Lebenseinheit)" von etwa 0,2 bis 0,5 μm Durchmesser und mehr, die aus anorganischen oder organischen Verbindungen bestehen. Sie entsprechen visuell etwa den „microspheres" von DOSE, FOX und RAUCHFUSS (DOSE, K. und H. RAUCHFUSS, Chemische Evolution und der Ursprung lebender Systeme, Stuttgart 1975; FOX, S. W. and K. DOSE, Molecular Evolution and the Origin of Life; New York, Basel 1977. Vgl. auch BAHADUR, Synthesis of Jeewanu, the Protocell, Allahabad 1966), an denen Fragen der Membranbildung, des Wachstums, der Vermehrung untersucht werden. Für BAHADUR und RANGANAYAKI stehen Möglichkeiten chemischer Reaktionen ihrer Jeewanu-Einheiten, die durch Molybdän und andere chemische Katalysatoren gefördert werden, und eine spontan erscheinende Weiterentwicklung zu „procells" im Mittelpunkt. Auf den Tafeln zeigen 25 zum Teil elektronenmikroskopische Abbildungen Jeewanu-Einheiten verschiedener Zusammensetzung und in verschiedener Entwicklung (eine Versuchsdauer ist nicht angegeben).

Die Biogenese wird zur präkambrischen Entwicklung von Hydrosphäre und Atmosphäre in Beziehung gesetzt. Einbezogen in die Darstellung sind die Entwicklung der Photoautotrophie, Fragen der Zellevolution und die Frage nach dem Vorkommen einer Neobiogenese, das heißt nach dem Vorkommen von Strukturen, die als „Selbstorganisation" und erste Schritte zur Entstehung einer „Protozelle" gedeutet werden können. — Damit scheint die Forschung auf diesem Gebiet einer spekulativen Mikrobiologie zu einem vorläufigen Abschluß gelangt zu sein.

W. SCHWARTZ (Braunschweig)

H. HOLZER (Editor), Proceedings in Life Science — Metabolic Interconversion of Enzymes 1980 (International Titisee Conference, October 1st—5th, 1980). XII + 398 S., 212 Abb., 94 Tab. Berlin-Heidelberg-New York 1981. Springer-Verlag. DM 129,00.

Große Bereiche der biologischen und biochemischen Vorgänge werden kontrolliert und reguliert durch Veränderungen an Enzymen. In den letzten 5—10 Jahren ist gerade der Kenntnisstand über solche Modifizierungen von Enzymen und deren Einfluß auf den Ablauf der biochemischen Prozesse so angestiegen, daß die Organisatoren des 5. Symposiums „Metabolic Interconversion of Enzymes" sich nicht über Mangel an Beiträgen zu beklagen brauchten. Die Arbeiten des vorliegenden Bandes sind in drei große Gruppen eingeteilt, die den Entwicklungsstand sehr gut wiedergeben. Einmal sind Beiträge enthalten, die sich mit dem Themenkreis „Metabolic Interconversion" beschäftigen. Hierzu gehören Arbeiten zu Automodifikationen von Enzymen (z. B. Poly- (ADP-ribose) Synthetase, DNA-Reparatur), über begrenzten Abbau von Enzymen und den Einfluß von Hormonen auf diese Prozesse (z. B. bei Proteinkinasen), über Klassifikationen von Proteinphosphatasen, Phosphorylations-/Dephosphorylationsprozesse, über die Beeinflussung einzelner Enzyme durch Metallionen, Sulfhydryl-Disulfid-Wechselwirkungen sowie Substrate bzw. Effektoren. Der zweite Abschnitt umfaßt Beiträge zum Komplex der proteolytischen Modifizierung von Enzymen. So werden z. B. verschiedene Proteasen, Mechanismen der selektiven Inaktivierung und des selektiven Abbaues, des Turnover von speziellen Enzymen, der Katabolit-Inaktivierung sowie des Precursor-Processing detailliert beschrieben. Der dritte große Abschnitt umfaßt Beiträge zum Thema „Neue Aspekte der Regulation". So werden z. B. Regulationsformen des Enzymabbaues (z. B. der Glutamin-Synthetase), der ADP-Ribosylierung von Enzymen, die Organisation von Calcisomen, die Hemmung der einzelnen Untereinheiten der cAMP abhängigen Proteinkinase, Mechanismen des Übergangs von Enzymvorstufen in aktive Enzyme sowie Rezeptormodelle vorgestellt.

Der Band ist sehr informativ für alle die Gruppen, die sich mit dem Gebiet der Stoffwechselregulation durch biochemische Enzymveränderungen beschäftigen oder eine Information über den momentanen Entwicklungsstand (Die Literaturzitate reichen bis 1980) suchen.

H.-P. Schmauder (Halle/Saale)

T. Robinson, The Biochemistry of Alkaloids — Molecular Biology, Biochemistry and Biophysics Volume 3 (2nd Edition). VIII + 225 S., 35 Abb., 6 Tab. Berlin-Heidelberg-New York 1981. Springer-Verlag. DM 88,00.

Unter der Vielzahl von Naturstoffen nehmen seit alter Zeit die Alkaloide bzw. Drogen oder Präparationen mit Alkaloiden eine zentrale Stellung ein. Aus der Volks- wie auch der modernen Medizin sind sie nicht wegzudenken. Es sind in den letzten Jahrzehnten zwar viele neuartige Wirkstoffe synthetisiert worden, die aber viele Alkaloide nicht aus der medizinischen Anwendung verdrängen konnten. Ebenso intensiv wie auf dem Sektor der Wirkstoffsynthese bemühte man sich in den letzten Jahrzehnten um die Aufklärung von Biosynthese, Struktur und Wirkungsmechanismen der Alkaloide. Das hier von einem Altmeister der Alkaloidforschung vorgelegte Werk ist ein recht gelungener Versuch, den heutigen Stand der Kenntnisse auf dem Sektor der Alkaloidbiochemie zusammenzufassen und kritisch zu diskutieren. Nach einer kurzen Einleitung, in der das Grundanliegen des Buches skizziert ist, folgt ein Kapitel, in dem allgemeine Theorien der Alkaloid-Biosynthese vorgestellt und entwickelt werden, sowie ein Abschnitt über einfache Aminosäurederivate und Protoalkaloide, wie z. B. Gramin, Capsaicinoide, Hordenin, Muscarin oder Mescalin. Daran schließen sich Übersichten über die einzelnen Alkaloidgruppen an: Pyrrolidin-, Piperidin-, Pyridin-, Tropan-, Lupin-, Isochinolin-, Aporphin-, Morphinan-, Amaryllidaceen-, Indol-, Ergot-Alkaloide, Colchicin und dessen Derivate, aus Anthranilsäure gebildete Alkaloide, Pyrrolizidin-, Purin-, Imidazol-, Steroidalkaloide, Terpenoide, Betalaine sowie Benzoxazole. Ein Teil des Buches faßt die bisherigen Arbeiten zum Metabolismus der exogen gegebenen Alkaloide zusammen (tierische, mikrobielle und pflanzliche Systeme). Das abschließende Kapitel faßt kurz die bisher bekannten biochemischen Effekte zusammen, die einen Einblick in die Wirkungsweise der Alkaloide geben (Einflüsse auf das cholinerge und adrenerge System, die Aktivierung bzw. Hemmung von Enzymen, den Opiat-, den Serotamin- verschiedene Membran-Rezeptoren, Ionentransport und Membranpermeabilitäten, die Nucleinsäure- und Proteinsynthese sowie die Mitose). Dieses letzte Kapitel kann aber nur einen kurzen Einblick in die Mechanismen geben.

Das Buch faßt die Literatur bis 1980 gut zusammen. Ausführliche Literaturzitate ermöglichen weiterführende Studien, wenn auch einige wenige Zitate unvollständig sind.

H.-P. Schmauder (Halle/Saale)

R. E. Rocklin (Editor), Clinical Immunology Reviews, Vol. 1, Number 1. IV + 214 S., 6 Abb. 20 Tab. New York 1981. Marcell Dekker. $ 90,00 per Volume.

Hier wird zu vielen Zeitschriftenreihen, die Übersichtsartikel auf dem Gebiet der Immunologie anbieten, ein weiteres Review-Journal hinzugefügt, das sich, wie der Titel ausweist, insbesondere mit aktuellen Themen der klinischen Immunologie beschäftigen soll. Die Aktualität soll durch kürzeste Druckzeiten von 10—12 Wochen garantiert werden, die durch Offsetdruck erreicht werden. Jedes Heft soll 3 bis 4 Übersichtsartikel von eingeladenen Autoren enthalten. Das vorliegende 1. Heft des 1. Bandes enthält 3 Beiträge: Natürliche Killer(NK)-Zellen und ihre Bedeutung in der Resistenz gegen Tumoren und Infektionen (R. B. Herberman), Suppresorzellen des Menschen (J. J. Ellner) und Störungen der humanen Leukocyten-Chemotaxis (K. M. Lohr und R. Snyderman). Das angekündigte 2. Heft soll Übersichten über die Rolle des Komplements bei allergischen Erkrankungen (J. Gelfand), die immunologische Reagibilität gegenüber Insulin (L. Rosenwasser) und über Erkrankungen bei Antikörperbildung gegen Zellrezeptoren (C. J. Flier) enthalten. Die Schriftenreihe wird neben klinischen Immunologen auch experimentelle Immunologen interessieren.

R. S. Fritsch (Jena)

Bei Fragen zur Produktsicherheit wenden Sie sich bitte an:
If you have any questions regarding product safety,
please contact:

Walter de Gruyter GmbH
Genthiner Straße 13
10785 Berlin
productsafety@degruyterbrill.com